建设社会主义新农村图示书系

轻轻松松

学养蛋鸡

梁智选　主编

中国农业出版社

图书在版编目（CIP）数据

轻轻松松学养蛋鸡/梁智选主编．—北京：中国农业出版社，2010.9

ISBN 978-7-109-14825-3

Ⅰ.①轻… Ⅱ.①梁… Ⅲ.①卵用鸡—饲养管理 Ⅳ.①S831.4

中国版本图书馆 CIP 数据核字（2010）第 143398 号

中国农业出版社出版

（北京市朝阳区农展馆北路 2 号）

（邮政编码 100125）

责任编辑 郭永立

北京中科印刷有限公司印刷 新华书店北京发行所发行

2011 年 6 月第 1 版 2011 年 6 月北京第 1 次印刷

开本：720mm×960mm 1/16 印张：15.25

字数：257 千字 印数：1～6 000册

定价：25.00 元

编 写 人 员

主　编　梁智选

作　者　梁智选　张　敬　隋　茁

于海霞　付永利　王鸿英

杨爱华　李　颖　曹建新

陈荣荣　史晓峰　路　维

目　　录

一、蛋鸡的品种

目标
- 了解鸡的生物学特性
- 熟悉各蛋鸡品种的生产性能和体形外貌特点
- 掌握如何选择蛋鸡品种

1. 鸡的生物学特性

家鸡是分布最广、数量最多、经济价值最高、人类开始驯化最早的禽类，在生物学分类上属于鸟纲，具有鸟类的生物学特性。

(1) 新陈代谢旺盛　新陈代谢旺盛是鸡的基本生理特点。成年鸡的体温为40.9~41.9℃，平均41.5℃；呼吸频率15~30次/分钟；心跳快，血液循环快，脉搏可达120~200次/分钟，因此鸡的基础代谢高于其他动物，生长发育迅速、成熟早、生产周期短。

(2) 性成熟早、繁殖力强　鸡130~150日龄即可开产。母鸡的卵巢在显微镜下可见到12 000个卵泡。一只母鸡年产蛋可超过300枚；公鸡的繁殖能力也相当强，公鸡精液量虽少，但浓度高，精子的数量多且存活期长，一只公鸡配10~15只母鸡仍可以获得较高的受精率，鸡的精子可以在母鸡输卵管中存活5~10天，个别可存活30天以上。

(3) *对饲料营养要求高、饲料利用率高* 一只高产母鸡一年所产的蛋重达15～17千克，为其体重的10倍。

(4) *消化道短、对粗纤维的消化能力差* 由于鸡口腔无咀嚼作用，且消化道、特别是大肠较短，除了盲肠可以消化少量纤维素以外，其他部位不能消化纤维素，所以，鸡只必须采食含有丰富营养物质的饲料。

(5) *对环境变化敏感* 鸡的视觉很灵敏，一切进入视野的不正常因素，如光照、异常的颜色等，均可引起"炸群"或"惊群"；鸡的听觉不如哺乳动物，但突如其来的噪声会引起鸡惊恐不安；此外，鸡体水分的蒸发与热能的调节主要靠呼吸作用来实现，因此对环境变化较敏感。

(6) *抗病能力差* 由于鸡解剖学上的特点，例如肺脏较小、有气囊、没有横膈膜、没有淋巴结以及生殖孔与泄殖孔为同一通道等，决定了鸡的抗病力差。尤其是鸡的肺脏与胸腹气囊相连，这些气囊充斥于鸡体内各个部位，甚至进入骨腔中，所以鸡的传染病由呼吸道传播的多，且传播速度快、发病严重、死亡率高。

(7) *群居性强 适合规模饲养* 由于鸡的群居性强，在高密度的笼养条件下仍能表现出很高的生产性能。

2. 蛋鸡的品种①

我国是养鸡历史最悠久的国家之一。家鸡起源于原鸡，即红色原鸡，因其外形、羽色、内部结构和鸣叫声等与家鸡相似，并易于驯养和繁殖，与家鸡杂交产生的后代有繁殖能力，被认为是家鸡的祖先。红色原鸡主要分布于中国南部和印度北部。

伴随着人类的生产和生活活动，作为人类生存的生活资料和生产资料，人们对鸡的体型、外貌、羽色等进

①品种是同一物种内具有共同来源，相似的形态结构、遗传性、经济价值和生活环境，以及一定数量的独立繁殖群体。品种是人类改造自然的产物，是人们按照经济需要不断进行选育的结果。

行了育种，培育出许多各具特色的标准品种、地方品种和培育品种。

标准品种[①] 目前世界上共有104个鸡标准品种，但现今具有重要经济价值的标准品种只有十几个，而与蛋鸡有关的品种主要有4个。

①经有目的、有计划、按育种组织制定的标准鉴定承认的、并列入标准品种志的品种。

表1-1 标准品种蛋鸡的外貌特征和生产性能

品 种	原产地	外貌特征	主要生产性能	利用情况
来航鸡	原产于意大利，是目前世界上最优秀的蛋鸡品种之一。来航鸡按冠型和羽色可分为16个品变种，以单冠白来航鸡生产性能最高、分布最广	白来航鸡全身羽毛白色而紧致，体态轻盈，公鸡冠直立，母鸡冠倒向一侧；白来航鸡性情活泼，适应性强，富神经质，易受惊吓，无就巢性，性成熟早	白来航鸡160日龄开产，年产蛋220～260枚，平均蛋重54～60克，蛋壳白色；成年公鸡体重2～2.5千克，母鸡体重1.5～1.75千克	现生产的白壳（轻型）蛋鸡配套系，均以白来航鸡为素材，育成各具特点的品系，经配合力测定后而选育出的优秀配套商品杂交鸡组合
洛岛红鸡	原产于美国，属于蛋肉兼用品种	有单冠和玫瑰冠两个品变种，洛岛红鸡羽毛深红色，尾羽黑色、带有光泽。体型中等，产蛋量高，体质健壮。180日龄性成熟	年产蛋160～170枚，蛋重60～65克，蛋壳褐色	在现代蛋鸡生产中，褐壳（中型）蛋鸡配套系多采用洛岛红鸡为父系，以洛岛白鸡浅花苏赛斯鸡或有来航鸡和其他兼用型鸡血液的杂交鸡为母本。利用洛岛红鸡特有的伴性金色羽基因，与带有银色羽的母鸡交配，生产的后代雏鸡可以自别雌雄
新汉夏鸡	由洛岛红鸡改良选育而成，属于蛋肉兼用型品种	体型与洛岛红鸡相似，但背部较短，羽毛颜色稍浅，冠型为单冠	各项生产性能与洛岛红鸡区别不大	在现代蛋鸡配套系中起着一定的作用
狼山鸡	原产于我国江苏南通地区，19世纪输入英国、美国等国家，1883年在美国被认定为标准品种	黑羽狼山鸡羽色纯黑，富有光泽。颈部直立，尾羽高翘，背部呈U字形。单冠直立，耳叶红色，皮肤白色	年产蛋约170枚，蛋壳褐色。成年公鸡体重3.5～4.0千克，母鸡2.5～3.0千克	有黑色和白色两个品变种，国际上很多鸡的品种中都有狼山鸡的血液

地方品种[①] 我国有许多地方品种鸡，是鸡育种的宝贵素材。主要有：北京油鸡，上海浦东鸡，江苏狼山鸡，浙江仙居鸡、江山乌骨鸡，安徽淮北麻鸡，江西白耳黄鸡、东乡绿壳蛋鸡、丝羽乌骨鸡，山东汶上芦花鸡、济宁百日鸡、寿光鸡，河南固始鸡等地方品种。

①由某地区长期选育成的，适应当地地理、气候、饲料条件、饲养方式和经营消费特点的品种。地方品种大多是人们自发劳动的结果，形成的历史较长，它可能具有某些独特的优良性状，但多数未经系统选育因而群体内在外貌特征和经济性状方面存在着较大的差异。

(1) *仙居鸡* 又名梅林鸡、元宝鸡，属蛋用型鸡种。

①原产地：产于浙江省仙居县及邻近的临海、天台、黄岩等县。

②外貌特征：仙居鸡有黄、黑、白三种羽色，黑羽体型最大，黄羽次之，白羽略小。目前资源保护场在培育目标上，主要是黄羽鸡种的选育。现将黄羽鸡种的外貌特征简述如下：该品种羽毛紧凑，尾羽高翘，健壮结实，单冠直立，喙短、呈棕黄色，胫黄色、无毛。部分鸡只颈部羽毛有鳞状黑斑，主翼羽红夹黑色，镰羽和尾羽均呈黑色。虹彩多呈橘黄色，皮肤白色或浅黄色。

图 1-1 仙居鸡

(引自 www.caaa.cn)

③主要生产性能：成年鸡体重：公鸡 1 440 克，母鸡 1 250 克。180 日龄屠宰率：半净膛率公鸡 82.7%，母鸡

83.0%；全净膛率公鸡 71.0%，母鸡 72.2%。开产日龄 150 天，年产蛋 160～180 个，蛋重 44 克，蛋壳以浅褐色为主。

(2) 固始鸡　属蛋肉兼用型鸡种。

①原产地：原产河南省固始县，分布于河南商城、新县、淮宾等及安徽的霍邱、金寨等县。

②外貌特征：体型中等，外观清秀灵活，细致紧凑，结构匀称，羽毛丰满。公鸡羽色呈深红色和黄色，母鸡羽色以麻黄色和黄色为主，白、黑色很少。尾型分为佛手状尾和直尾两种，佛手状尾羽向后上方卷曲，悬空飘摇。成鸡冠型分为单冠与豆冠两种，以单冠居多。冠直立，冠、肉垂、耳叶和脸均呈红色，虹彩浅栗色。喙短、略弯曲，呈青黄色。胫呈靛青色，四趾，无胫羽。皮肤呈暗白色。

图 1–2　固始鸡

(引自 www.caaa.cn)

③主要生产性能：成年鸡体重：公鸡 2 470 克，母鸡 1 780 克。180 日龄屠宰率：半净膛率公鸡 81.8%，母鸡 80.2%；全净膛率公鸡 73.9%，母鸡 70.7%。开产日龄 205 天，年产蛋 141 个，蛋重 51 克，蛋壳呈褐色。

(3) 东乡绿壳蛋鸡　属蛋肉兼用型鸡种。

①原产地：产于江西省东乡县。

②外貌特征：羽毛黑色，喙、冠、皮、肉、骨、趾均为乌黑色。母鸡单冠，头清秀。公鸡单冠，呈暗紫色，肉垂深而薄，体型呈菱形。

图 1-3　东乡绿壳蛋鸡

（引自 www.caaa.cn）

③主要生产性能：成年鸡体重：公鸡 1 655 克，母鸡 1 307 克。成年鸡屠宰率：半净膛率公鸡 78.4%，母鸡 81.8%；全净膛率公鸡 64.5%，母鸡 71.2%。开产日龄 152 天，500 日龄产蛋 160 ~ 170 个，蛋重 50 克，蛋壳呈浅绿色。

(4) 汶上芦花鸡　属蛋肉兼用型鸡种。

①原产地：产于山东省汶上县及附近地区。

②外貌特征：该鸡体型一致，颈部挺立，稍显高昂，前躯稍窄，背长而平直，后躯宽而丰满，腿较长，尾羽高翘，体形呈“元宝”状。横斑羽是该鸡外貌的基本特征。全身大部分羽毛呈黑白相间、宽窄一致的斑纹状。母鸡头部和颈羽边缘镶嵌橘红色或土黄色，羽毛紧密。公鸡颈羽和鞍羽多呈红色，尾羽黑色带有绿色光泽。单冠最多，豆冠、玫瑰冠、豌豆冠和草莓冠较少。喙基部为黑色，边缘及尖端呈白色。虹彩橘红色。胫色以白色

为主。爪部颜色大多白色，皮肤白色。

图 1-4　汶上芦花鸡

（引自 www.caaa.cn）

③主要生产性能：成年鸡体重：公鸡 1 400 克，母鸡 1 260 克。180 日龄屠宰率：半净膛率公鸡 81.2%，母鸡 80.0%；全净膛率公鸡 71.2%，母鸡 68.9%。开产日龄 150～180 天，在农村一般饲养管理条件下，年产蛋 130～150 个；较好饲养条件下年产蛋 180～200 个。蛋重 45 克，蛋壳多为浅褐色。

(5) 济宁百日鸡　属蛋用型鸡种。

①原产地：主要产于山东省济宁市郊、汶上、嘉祥、金乡、泗水等县。

②外貌特征：体型小而清秀，背部呈 U 形。多为平头，凤头仅占 10%。母鸡有麻、黄、花等羽色，以麻鸡为多。麻鸡头颈羽麻花色，其羽面边缘为金黄色，中间为灰或黑色条斑，肩部和翼羽多为深浅不同的麻色，主、复翼羽末端及尾羽多呈淡黑或黑色。红羽公鸡约占 80%，黄羽公鸡次之，杂色公鸡甚少。公鸡尾羽黑色，闪有绿色光泽。单冠，公鸡冠高、直立，冠、脸、肉垂鲜红色。胫色有铁青色和灰色两种。皮肤多为白色。

③主要生产性能：成年鸡体重：公鸡 1 320 克，母鸡 1 160 克。195 日龄屠宰率：半净膛率公鸡 77.3%，母鸡

图 1-5　济宁百日鸡

（引自 www.caaa.cn）

84.0%；全净膛率公鸡 57.7%，母鸡 63.8%。开产日龄 100～120 天，年产蛋 130～150 个，蛋重 42 克，蛋壳呈浅褐色。

（6）白耳黄鸡　又名白耳银鸡、江山白耳鸡、玉山白耳鸡、上饶白耳鸡，我国稀有的白耳蛋用早熟鸡种。

①原产地：主产于江西省上饶地区广丰、上饶、玉山三县和浙江的江山县。

②外貌特征：白耳黄鸡的选择以三黄一白的外貌为标准，即黄羽、黄喙、黄脚、白耳。单冠直立，耳垂大、呈银白色，虹彩金黄色，喙略弯，黄色或灰黄色，全身羽毛黄色，大镰羽不发达，黑色并呈绿色光泽，小镰羽

图 1-6　白耳黄鸡

（引自 www.caaa.cn）

橘红色。皮肤和胫部呈黄色，无胫羽。

③主要生产性能：成年鸡体重：公鸡 1 450 克，母鸡 1 190 克。成年鸡屠宰率：半净膛率公鸡 83.3%，母鸡 85.3%；全净膛率公鸡 76.7%，母鸡 69.7%。开产日龄 152 天，年产蛋 184 个，蛋重 55 克，蛋壳呈深褐色。

(7) 萧山鸡　又名越鸡，属蛋肉兼用型鸡种。

①原产地：产于浙江萧山县。

②外貌特征：体型较大，外形近似方而浑圆。公鸡羽毛紧凑，头昂尾翘。单冠红色、直立。肉垂、耳叶红色，虹彩橙黄色。全身羽毛有红、黄两种，母鸡全身羽毛以黄色为主，有部分麻栗色。喙、胫黄色。

母

公

图 1-7　萧山鸡

(引自 www.caaa.cn)

③主要生产性能：成年鸡体重：公鸡 2 758 克，母鸡 1 940 克。150 日龄屠宰率：半净膛率公鸡 84.7%，母鸡 85.6%；全净膛率公鸡 76.5%，母鸡 66.0%。开产日龄180 天，年产蛋 141 个，蛋重 57 克，蛋壳呈褐色。

(8) 大骨鸡　又名庄河鸡，属蛋肉兼用型鸡种。

①原产地：主产辽宁省庄河县，分布于吉林、黑龙江、山东等省。

②外貌特征：大骨鸡体型魁伟，胸深且广，背宽而长，腿高粗壮，墩实有力，腹部丰满，觅食力强。公鸡

羽毛棕红色，尾羽黑色并带金属光泽。母鸡多呈麻黄色。头颈粗壮，眼大明亮。单冠，冠、耳叶、肉垂均呈红色。喙、胫、趾均呈黄色。

图 1-8　大骨鸡

（引自 www.caaa.cn）

③主要生产性能：成年体重：公鸡 2 900 克，母鸡 2 300 克。开产日龄 213 天，年产蛋 160 个。蛋重 63 克，蛋壳呈深褐色。

(9) 寿光鸡　又名慈伦鸡，属蛋肉兼用型鸡种。

①原产地：山东省寿光市。

②外貌特征：寿光鸡有大型和中型两种，还有少数是小型的。大型寿光鸡外貌雄伟，体躯高大，骨骼粗壮，体长胸深，胸部发达，胫高而粗，体型近似方形。成年鸡全身羽毛黑色，颈背面、前胸、背、鞍、腰、肩、翼

图 1-9　寿光鸡

（引自 www.caaa.cn）

羽、镰羽等部位呈深黑色，并有绿色光泽。其他部位羽毛略淡，呈黑灰色。单冠，公鸡冠大而直立；母鸡冠形有大小之分。喙、胫、趾灰黑色，皮肤白色。

③主要生产性能：大型成年鸡体重：公鸡 3 610 克，母鸡 3 310 克；中型成年鸡体重公鸡 2 880 克，母鸡 2 340 克。成年鸡屠宰率：大型鸡半净膛率公鸡 83.7%，母鸡 80.3%；中型鸡半净膛率公鸡 83.7%，母鸡 77.2%；大型鸡全净膛率公鸡 72.3%，母鸡 65.6%；中型鸡全净膛率公鸡 71.8%，母鸡 63.2%。开产日龄：大型鸡 240～270 天，中型鸡 190～210 天。年产蛋：大型鸡 90～100 个，中型鸡 120～150 个。蛋重：大型鸡 65～75 克，中型鸡60～65 克。蛋壳呈褐色。

培育品种[①] 标准品种强调血统的一致和外貌的统一，但培育品种则重点强调生产性能一致。由于现代育种的商业化行为，培育品种的配套系[②]已脱离了原有标准品种的名称，多以育种公司的专有商标来命名。

我国目前饲养的蛋鸡培育品种，多数是从国外引进的，也有部分是我国培育的蛋鸡品种。在分类上，按所产蛋壳的颜色分为：白壳蛋鸡、褐壳蛋鸡、粉壳蛋鸡及绿壳蛋鸡。

我国引进的国外蛋鸡品种主要有：

◆ 罗曼褐：德国罗曼公司育成，属中型高产蛋鸡，四系配套，有羽色伴性基因。

◆ 伊莎褐：法国依莎公司育成，属四系配套中型高产棕壳蛋鸡。具有较好的抗热性能，是当前世界主要高产蛋用鸡种之一，有羽色和快慢羽两个伴性基因。

◆ 罗斯褐：英国罗斯公司育成，属高产蛋鸡，适应性强，抗逆性表现较好。有金银色和快慢羽两个伴性基因，可自别雌雄。

①又称育成品种。为有组织的、自觉的人工选育的产物。培育品种遗传性能稳定，生产性能高，成熟期较早，外貌特征及其他性状较整齐一致。

②配套系，又称杂交商品系，它是经过配合力测定筛选出来的、杂交优势最强的杂交组合。现代蛋鸡育种多采用四系配套法进行培育。通常四系配套制种的曾祖代鸡，有 8～9 个或更多的品系。曾祖代鸡所产的蛋孵出后的鸡为祖代鸡，可分为父系 A（公）、B（母），母系 C（公）、D（母）。祖代鸡产出的蛋孵出的鸡为父母代鸡，一般分为单交种 AD（公）、单交种 CD（母）。父母代 AB 公鸡与 CD 母鸡交配后所产的蛋孵出的鸡为四系配套杂交 ABCD 商品代蛋鸡。

表 1-2　我国目前饲养的主要蛋鸡培育品种

分　类	白壳蛋鸡	褐壳蛋鸡	粉壳蛋鸡	绿壳蛋鸡
引入品种	罗曼白 宝万斯白蛋鸡 白来航鸡 海赛克斯白 尼克白 海兰白 星杂 579	伊莎褐 海赛克斯褐 尼克红 罗斯褐鸡 星杂 579 蛋鸡 宝万斯高兰蛋鸡 宝万斯褐蛋鸡 雪佛褐蛋鸡 洛岛红鸡 罗曼褐	尼克珊瑚粉 罗曼粉 宝万斯粉蛋鸡 海兰灰	
我国培育品种	华都京白 A98 新杨白 华都京白 939	新杨褐 农大 3 号节粮小型蛋鸡配套系 华都京红 B98 华都京红 C98	新杨粉 华都京粉 D98	东乡黑羽绿壳蛋鸡 新杨绿

◆ 迪卡·沃伦（褐）：由美国迪卡布家禽育种公司培育的一种优良褐壳蛋鸡。四系配套，有羽色伴性基因，能自别雌雄。

◆ 星杂 579（褐）：又名 S579，由加拿大谢佛公司育成。该鸡具有羽色伴性遗传，可根据不同颜色羽毛识别雌雄。

◆ 海赛克斯（褐）：荷兰尤里布德公司培育的中型褐壳蛋鸡。具有羽色伴性基因。此鸡性情温顺、好管理、抗寒性强、抗逆性好，且具有产蛋高峰期长、破壳蛋少的特点。但耐热性较差，适宜在北方寒冷地区饲养。

◆ 海兰褐：美国海兰国际公司培育的中型褐壳蛋鸡。该鸡性情温顺，适应性好，开产早，产蛋高峰来得早且持续期较长，具有羽色伴性基因。

◆ 星杂 288（白）：又名 S288，是加拿大谢弗公司育成的。体型、毛色与白来航鸡相似，但体重较轻。此鸡具有耗料少、产蛋多、蛋较重、不抱窝等特点。

(1) 白壳蛋鸡种　以单冠白来航鸡为主杂交育成，其特点是开产早、体型小、产蛋量高、耗料少、不就巢；但缺点是蛋壳薄、神经质、易应激、下笼时残值低。适合于高密度饲养。72周龄饲养日产蛋数295个左右，平均蛋重60克，成年体重1.75千克，料蛋比2.30～2.45：1。

目前，除了一些生产鸡胚的场和打蛋厂希望饲养白壳蛋鸡外，一般不太受欢迎，但在粉壳鸡蛋的生产中要利用白壳蛋鸡。

图1-10　白壳蛋鸡

表1-3　主要白壳商品蛋鸡生产性能

品　种	50%开产日龄	72周龄入舍鸡产蛋（枚）	年产蛋总重（千克）	平均蛋重（克）	料蛋比	育成期成活率（%）	产蛋期存活率（%）
罗曼白	150～150	290～300	18～19	62～63	2.3～2.4	96～98	94～96
尼克白	142～153	310～323	21.83	62.3	2.0～2.2	97～98	94～96
海赛白	145	304	20.5	60.7	2.07	95.5	91.8
海兰白	153	300	18.0	58～63.4	1.91	97～98	
宝万斯白	140～147	300	18～19	61～62	2.10～2.20	96～98	94～95
华都京白A98	140～147	300	18～19	61～62	2.10～2.20	96～98	93～95
华都京白939	150～155	300～306	18～19	60.5～63	2.25～2.30	96～98	93～95
新杨白	142～147	295～305	18～19	61.5～63.5	2.08～2.2	95～98	91～94

(2) 褐壳蛋鸡种　褐壳蛋鸡属于中型蛋鸡，一般采用的是品种间或变种间杂交，后代不仅产褐壳蛋，而且1日龄雏鸡都能靠羽色自别雌雄。褐壳蛋鸡配套系父系一般为洛岛红鸡，母系用洛岛白鸡或芦花鸡。其主要特点：体型适中，性情温顺，抗应激能力强，蛋壳较厚，可按羽色自别雌雄，下笼时残值高；但相对耗料多，蛋的血（肉）斑率高，占用笼位面积大。它分为红羽、黑羽，其中红羽有罗曼褐、海兰褐、保万斯高兰、伊沙褐、海赛

图 1-11　褐壳蛋鸡

克斯褐、尼克褐、农大 1 号、新杨褐等。72 周龄饲养日产蛋数 300 个左右，平均蛋重 62 克，成年体重 2.1 千克，料蛋比 2.25～2.45：1。

由于褐壳蛋鸡的鸡蛋颜色深受国人喜爱，淘汰鸡的体重大、肉质好，国内饲养的商品代蛋鸡普遍是褐壳蛋鸡。

(3) 粉壳蛋鸡种　是近年来饲养较多的蛋鸡品种。由白壳蛋鸡品系和褐壳蛋鸡品系杂

表 1-4　主要褐壳商品蛋鸡生产性能

品　种	50%开产日龄	72 周龄入舍鸡产蛋（枚）	年产蛋总重（千克）	平均蛋重（克）	料蛋比	育成期成活率（%）	产蛋期存活率（%）
伊莎褐	143	285	18.2	63.1	2.14	98	93.2
海赛克斯褐	142	290	18.3	62.5	2.17	97	94.2
尼克红	140～145	300	21.53	63.7	2.0 ～ 2.2	96～98	93～96
罗斯褐鸡	126～140	292			2.43		
宝万斯高兰蛋鸡	150～157	285	20.6～21.0	63	2.15～2.30	95～97	93～94
宝万斯褐蛋鸡	20～21	321	20.07	62.5	2.24	98	94.7
雪佛褐蛋鸡（伊莎济宁红）	140～147	338	21.08	62.3	2.04～2.11	98	93
罗曼褐	152～158	285～295	18.2～18.8	62.8	2.10	97～98	94～96
新杨褐	140～152	280～10	17～20	61.5～64.5	2.05～2.25	96～8	94～96
农大 3 号节粮小型蛋鸡配套系	148～153	278	15.6～16.7	55～58	2.0～2.1	96	95～96
华都京红 B98	140～147	290～300	20	62.5～63.5	2.20～2.30	96～98	93～94
华都京红 C98	138～145	195～305	20	61.5～62.5	2.20～2.30	96～98	94～95
海兰褐	22～23	317	20.2	63.7	2.11	97	94

交而来，其父本或母本的一方来自白壳蛋鸡品种，另一方来自褐壳蛋鸡品种。其体型和蛋壳颜色介于褐、白二

者之间，蛋壳颜色为浅褐色，即俗称的粉壳蛋。优点是体型适中、产蛋量高、蛋重大，耗料少于褐壳鸡，抗应激能力较强，对营养要求较高。

图 1-12　粉壳蛋鸡

主要粉壳商品蛋鸡有海兰灰、尼克粉、罗曼粉、农大 3 号粉、京白 939。72 周龄饲养日产蛋数 298 个左右，平均蛋重 61 克，成年体重 1.9 千克，料蛋比 2.30～2.45：1。

表 1-5　主要粉壳商品蛋鸡生产性能

品　种	50%开产周龄	72 周龄入舍鸡产蛋（枚）	年产蛋总重（千克）	平均蛋重（克）	料蛋比	育成期成活率（%）	产蛋期存活率（%）
海赛粉	20～21	305	19.06	62.5	2.08	96	93
海兰灰	151～157	287	19.1	65.4	2.16	98	93
尼克粉	140～150	310～320	20.98	21.98	2.0～2.2	97～98	94～96
罗曼粉	140～150	300～310	19.0～20.0	63.0～64.0	2.1～2.2	97～98	94～96
华都京粉 D98（宝万斯粉）	140～147	324～336		62	2.15～2.25		93～96
新杨粉	143～150	298～310	18.6	63.3	2.15	96～98	92

（4）特色鸡种　农大 3 号节粮小型蛋鸡，体型小、耗料少，料蛋比 2：1～2.1：1，饲料转化率比普通鸡提高 15%。另外还有绿壳蛋鸡（图 1-13）、乌鸡和土鸡。

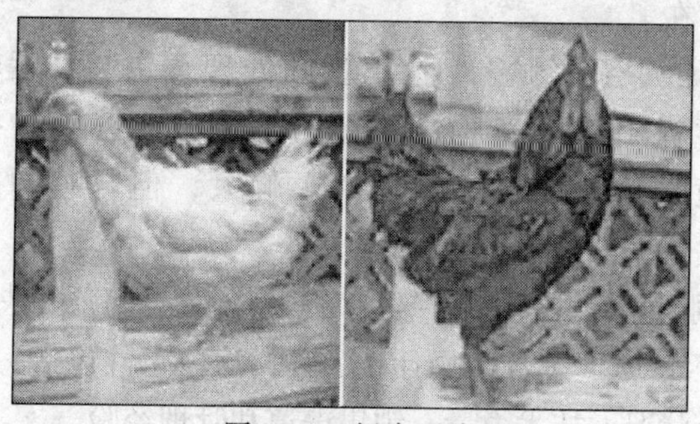

图 1-13　绿壳蛋鸡

表 1-6　主要绿壳商品蛋鸡生产性能

品　　种	50%开产日龄	72 周龄入舍鸡产蛋（枚）	平均蛋重（克）	育成期成活率（%）	产蛋期存活率（%）
新杨绿壳蛋鸡	154	227～238	48.8～50	95～97	95
东乡黑羽绿壳蛋鸡	140	160	40.05	94	90

3. 如何选择蛋鸡品种

同样的生产条件，饲养不同的品种会得到不同的经济效益。在选择所饲养的蛋鸡品种时，要综合考虑各方面因素，作出正确的选择。

市场需求　我国鸡蛋生产的现状是供大于求，人均鸡蛋消费量远远高于世界平均水平，鸡蛋生产已开始从数量型向质量型转变。在考虑市场需求时重点应考虑以下因素。

(1) *蛋壳颜色*　白壳鸡蛋在普通消费市场日趋萎缩，褐壳鸡蛋逐渐成为主流，粉壳鸡蛋开始大受欢迎，具有明显特色的绿壳鸡蛋和紫壳鸡蛋销售价格更具优势。

(2) *蛋重大小*　过去人们对蛋重较小的鸡蛋（50 克以下）不喜欢，因为较小鸡蛋在实际消费时，蛋壳所占比例高；但现在地方品种鸡的蛋重多数较轻，过大的鸡蛋反而不好销售，这种现象在粉壳鸡蛋销售中普遍存在。

(3) *蛋壳质量*　在鸡蛋的处理、包装、运输、销售过程中，蛋壳质量不佳的鸡蛋可能容易破损；蛋壳质量虽然受饲喂管理的影响大，但与鸡的品种也有关系。

饲养场基本情况　蛋鸡饲养场自身的条件决定了选择什么品种，这些条件包括：养殖场资金状况、技术力量、销售渠道和管理经验。

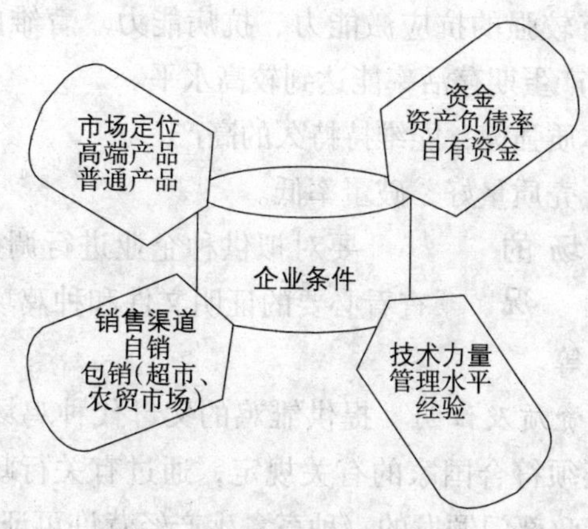

图 1–14　饲养场基本情况

拟选品种的特点　在选择品种时，应选择通过国家品种审定委员会审定的鸡种，并认真分析拟选品种的特点，这些特点包括以下几方面。

(1) 生产性能　不同品种鸡有不同的生产性能，在考察生产性能时不要仅听场家的介绍，最好能了解到实际饲养情况。

(2) 存活率　养鸡经济效益与淘汰鸡的多少有关，实际是产蛋期成活率问题。选择淘汰时鸡的存栏数量越多，效益就越高，盈利就越大。我国先后引进 20 多个蛋鸡品种，现在市场上主要的生产用品种仅仅 3~5 个，除了各品种鸡产蛋量高低不同以外，在很大程度上取决于产蛋期成活率的高低。

(3) 抗病力　不同品种的抗逆性是有差别的。有些品种的鸡产蛋水平相当高，但抗病力或抗逆性相对较差。蛋鸡饲养场（户）应当从经济角度来比较、选择。

优良鸡种的特征：

◆ 产蛋性能高：一个产蛋周期（72 周龄）产蛋 280 个以上，高峰产蛋率达 90%以上并保持 4 个月以上，开产日龄 150 天左右。

◆ 有较强的抗应激能力、抗病能力。育雏成活率、育成率和产蛋期存活率能达到较高水平。

◆ 体质强健，能维持持久的高产。

◆ 蛋壳质量好，破蛋率低。

供种场的情况 要对拟供种企业进行调查了解，查看必要的证明文件和种鸡场的生产经营情况等。

（1）资质及证明　提供雏鸡的父母代种鸡场或专业孵化场必须符合国家的有关规定，通过有关行政部门验收，有行政部门颁发的《种畜禽生产经营许可证》、《动物防疫合格证》、《种畜禽鉴定合格证》、《无禽流感证明》等。

应有完善的对鸡白痢、禽白血病、禽脑脊髓炎等经种蛋垂直传播疾病的控制能力。鸡白痢和白血病的检测阳性率应低于 0.1%，并能保证雏鸡在出壳 24 小时内注射马立克氏病疫苗。

购雏前，应注意查看相应证明和种鸡场购父母代种鸡的发票，谨防假冒伪劣，以免给生产带来损失。

（2）生产经营和疫病情况　细致了解拟引入品种产地 3 年来的疫病情况，不仅要了解鸡的疫病情况，同时还要了解其他家禽的疫病情况，严禁到疫区引种。

了解拟引入品种的产地环境状况，比较引入地和产地的差异，为引种后发挥引入品种的优良性能做好准备工作。

另外，还要注意了解拟引进品种的生产、经营的情况。

（3）信誉　要向其他养殖场户了解父母代种鸡场或专业孵化场的信誉，选择信誉良好的场家引种。

购雏注意事项

◆ 在生产性能不明了时，千万不要大量引种。

◆ 选定鸡品种后不要轻易改变。

◆ 选定场家后不要轻易改变。

◆ 选择非疫区种鸡场生产的无污染健康雏鸡。

◆ 同一鸡舍或全场的所有雏鸡最好来源于同一种鸡场。

◆ 雏鸡符合该品种特征，为同一批次生产的雏鸡，最好达到雏鸡品种、健康水平、雏鸡大小和母源抗体水平一致。

◆ 不要贪图便宜，1 只商品代雏鸡顶多便宜几毛钱，也就是差 1~2 枚蛋的价格，而造成的损失远不止这些。

二、蛋鸡场设计与养鸡设备

目标
- 了解蛋鸡场选址原则和要求
- 掌握蛋鸡场平面布局和综合规划
- 熟悉各类鸡舍的建筑形式和基本要求
- 了解蛋鸡场各种设施和设备

1. 蛋鸡场的选址

选 址 原 则

蛋鸡场的场址选择[①]应以方便生产经营、交通便利、防疫条件好、投资低为基本原则，既要考虑养鸡生产对周围环境的要求，符合《畜禽场环境质量标准》（NY/T 388—1999），也要尽量避免鸡场产生的气味、污物对周围环境的影响，符合《畜禽养殖业污染防治技术规范》。

◆ 满足蛋鸡饲养生产防疫措施（如全进全出、区域隔离等）的要求。

◆ 坚持农牧结合、种养平衡的原则，根据本场区周围土地对鸡粪便的消纳能力，配套具有相应加工处理能力的粪便污水处理设施。

◆ 符合鸡群的生物学特点和行为习性的要求，散养蛋鸡场周围应有充足的放养地，良好的植被覆盖和虫草资源。

①建鸡场前应了解当地的水文气象情况，收集掌握的资料包括：该地区主导风向及风量与风的频率，年降水总量，冬季积雪深度，土壤冬季冻土深度，年平均温度，夏季最高温度与持续天数，冬季最低温度与持续天数，发生水涝、泥石流的可能性及概率。

选址要求

(1) 地势　蛋鸡饲养场要选在背风向阳、通风干燥、地势较高、排水良好的地方。

(2) 卫生防疫　要防止受到疫病与污染源的威胁，鸡场周围应无大型工矿企业和畜禽屠宰加工厂及动物交易市场等畜牧场污染源；鸡场与居民生活区和主要交通干线相距1 000米以上。

(3) 水源　水源充足，水质良好。

表2-1　畜禽饮用水水质标准　单位：毫克/升

类　别	项　　目	水质要求
感官性状及一般化学指标	色/度	色度不超过30度
	浑浊度/度	不超过20度
	臭和味	不得有异臭、异味
	肉眼可见物	不得含有
	总硬度（以 $CaCO_3$ 计）	≤1 500
	pH	6.4～8.0
	溶解性总固体	≤2 000
	氯化钠（以 Cl^- 计）	≤250
	硫酸盐（以 SO_4^{2-} 计）	≤250
细菌学指标	总大肠菌群，个/1 000毫升	≤3
毒理学指标	氟化物（以 F^- 计）	≤2.0
	氰化物	≤0.05
	总砷	≤0.2
	总汞	≤0.001
	铅	≤0.1
	铬（六价）	≤0.05
	镉	≤0.01
	硝酸盐（以N计）	≤30

(4) 电力供应　鸡场电力配备必须能满足生产需要，电力供应必须要有保障，大型鸡场要有专门线路或自备发电设备。

(5) 交通　交通便利，满足饲料和产品的基本运输要求。路面要平整，雨后无泥泞。若在交通不便地点建场，要事先考虑到因大雨或大雪造成道路阻断、供应中断等问题。

(6) *土质要求*[①] 鸡场的土质以沙壤土为宜，这种土壤排水良好，导热性小，微生物不易繁殖，土壤的透水、透气性良好，可保持干燥，适宜植被生长和建筑鸡舍。

①鸡场的土质状况与环境及鸡舍建筑施工、投资总额、地面植被的生长及鸡群的健康都有着密切的关系。

(7) *空气质量要求* 为保证鸡的饲养环境，应保证场区的空气质量符合大气质量的三级标准。

表 2-2 大气三级标准污染物浓度限值 单位：毫克/米^3

污染物	总悬浮微粒	飘尘	二氧化硫	氮氧化物	一氧化碳	光化学氧化剂
日平均	0.50	0.25	0.25	0.15	6.00	0.20
任何一次检测	1.50	0.70	0.70	0.30	20.00	

2. 蛋鸡场的平面布局规划

蛋鸡饲养工艺

蛋鸡饲养工艺决定了鸡舍的数量与布局，按照饲养工艺不同，将蛋鸡饲养分为两段式和三段式。

(1) *两段式饲养方式* 即育雏育成为一个阶段，成鸡为一个阶段。需建两种鸡舍，一般两种鸡舍的比例是 1∶2。

(2) *三段式饲养方式* 即育雏、育成、成鸡均分舍饲养。三种鸡舍的比例一般是 1∶2∶6。

根据生产鸡群的防疫卫生要求，生产区最好采用分区饲养，因此三段式饲养分为育雏区、育成区、成鸡区，两段式分为育雏育成区、成鸡区。

雏鸡舍应放在上风向，依次是育成区和成鸡区。

总平面布局原则

(1) *鸡场分区的原则* 各种房舍和设施的分区规划要从便于防疫和组织生产出发。首先应考虑保护人的工作和生活环境，尽量使其不受饲料粉尘、粪便、气味等污染；其次要注意生产鸡群的防疫卫生，杜绝污染源对生产区的环境污染。

◆ 应以人为先、污为后的顺序排列。

◆ 分区布局一般为：生产、行政、生活、辅助生产、污粪处理等区域。

◆ 主要应考虑风向、地势和水流向，如地势与风向不一致时则以风向为主；风向与水流不一致时，则以风向为主。从上风方向至下风方向，按鸡的生长期安排育雏舍、育成舍和成年鸡舍。

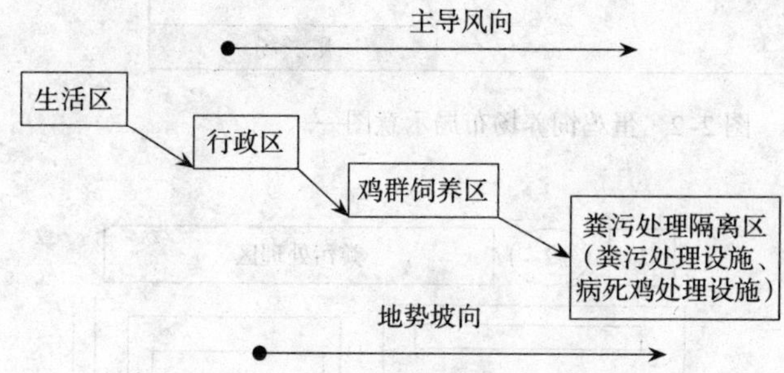

图 2–1　蛋鸡场的平面布局示意图

(2) 鸡场的绿化　绿化不仅可以美化、改善鸡场的自然环境，而且对鸡场环境保护、促进安全生产、提高经济效益有明显的作用。

养鸡场的绿化布置要根据不同地段的需要种植不同种类的树木，最好为低矮植物，以隔离净化各个区域。

功能区设置

(1) 各区的设置　见图 2–2、图 2–3。

◆ 鸡场内生活区和行政区、生产区应严格分开并相隔一定距离，生活区和行政区在风向上与生产区相平行。

◆ 污粪处理区应在主风向的下方，与生活区保持较大的距离，各区排列顺序按主导风向、地势高低及水流

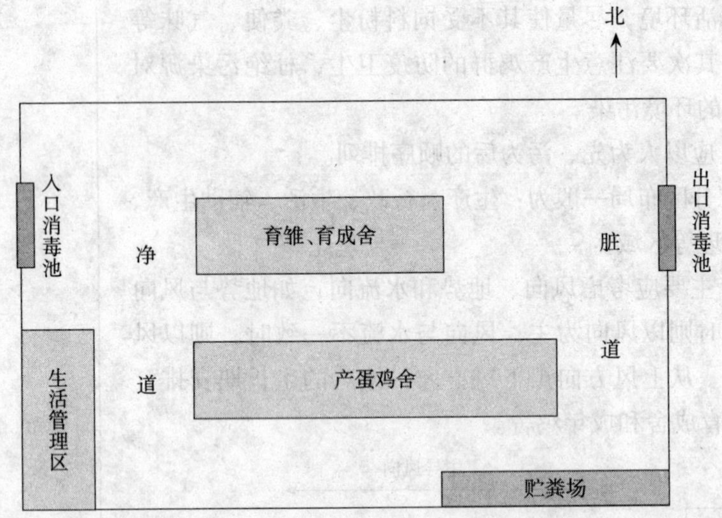

图 2-2　蛋鸡饲养场布局示意图一

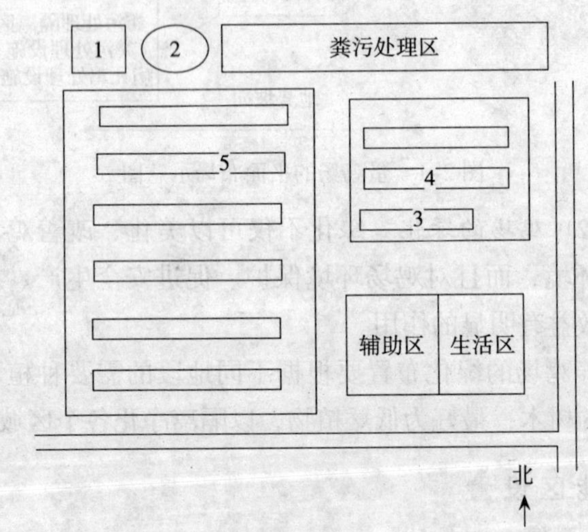

图 2-3　蛋鸡饲养场布局示意图二

1.剖检室　2.焚尸间　3.育雏舍　4.育成舍　5.产蛋舍

方向依次为生活区、行政区、辅助生产区、生产区和污粪处理区。

◆ 有条件时，生活区可设置于鸡场之外，把鸡场变成一个独立的生产场所。

◆ 生产区是鸡场布局中的主体，应慎重对待。最好能做到同一鸡场仅饲养同一批次、同日龄鸡，如条件不允许也要保证同一鸡舍仅饲养同一批次、同日龄的鸡。

◆ 鸡场生产区内，应按规模大小、饲养批次、日龄将鸡群分成数个饲养小区，区与区之间应有一定的隔离距离，每栋鸡舍之间应有隔离设施，如隔离栏、绿化带、沟壕等。

(2) 鸡舍的朝向

◆ 正确的朝向不仅能帮助通风和调节舍温，而且能够使整体布局紧凑，节约土地面积。

◆ 应根据各个地区的太阳辐射和主导风向两个主要因素加以确定。

(3) 鸡舍间距及生产区内的道路

◆ 鸡舍间距首先应考虑防疫要求、排污要求及防火要求等方面的因素。

◆ 一般取3~5倍鸡舍高度作为间距，即可满足几方面的要求。

表2-3　各鸡舍、各区域间距离

间距名称	最小距离（米）
育雏、育成舍间距	50
产蛋鸡舍间距	30
育雏、育成舍与产蛋鸡舍间距	100
生活区与生产区间距	150
生活区与粪污处理隔离区间距	300
生产区与粪污处理隔离区间距	150

◆ 鸡场内道路布局应分为清洁道和脏污道。

◆ 清洁道专供运输鸡蛋、饲料和转群使用。育雏舍、育成舍、成年鸡舍等各舍有入口连接清洁道。

◆ 脏污道主要用于运输鸡粪、死鸡及鸡舍内需要外出清洗的脏污设备。育雏舍、育成舍、成年鸡舍均有出口连接脏污道。

◆ 清洁道和脏污道相互不能交叉，以免污染。

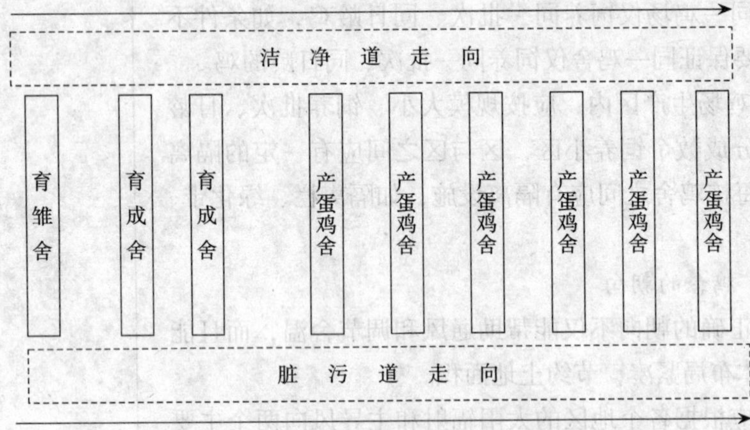

图 2-4　蛋鸡场区内道路布局示意图

3. 鸡舍建筑

在进行鸡舍建筑设计时，应根据资金情况、鸡舍类型、饲养对象来考虑鸡舍内地面、墙壁、屋顶外形及通风条件等因素，以求达到资金投入合理，舍内环境满足生产的需要。

蛋鸡饲养方式　蛋鸡饲养方式可分为平养（地面、网上）和笼养。

表 2-4　几种饲养方式比较

饲养方式	地面要求	优　点	缺　点
地面平养	在硬质地面上全部铺厚约20厘米的垫料，垫料要常更换	适合于“全进全出”饲养，更适于肉用仔鸡饲养，使其长肉性能好、体质强壮、投资少	密度低，捕捉费力，易患寄生虫病，易产窝外蛋，药费和垫料费开支大，卫生条件易恶化
网上平养	离地 50～60 厘米高铺设条板或金属网	便于小规模饲养管理，卫生条件好，发育整齐，节省劳动力，密度较平养的高	捕捉费力，鸡易患胸部囊肿，维修费高

（续）

饲养方式	地面要求	优　点	缺　点
笼养	因笼具及清粪要求的不同而不同	密度大，可提高劳动生产率，管理方便，发育整齐	捕捉省力，要求卫生条件及饲养管理水平高，饲料全价，一次性投资费用高

（1）平养　鸡舍的饲养密度小，建筑面积大，投资较高，我国一般肉鸡饲养使用此种鸡舍。根据鸡群围栏和管理通道的分布，可分为无走道平养、单列单走道、双列单走道、双列双走道、四列双走道等。

（2）笼养　饲养密度较大，投资相对较少，便于防疫及管理，我国蛋鸡饲养普遍采用这种方式。根据笼具组合形式分为全阶梯、半阶梯、叠层式、复合式和平置式。

鸡笼在舍内的排列可以是一整列、两半列两走道、两整列三走道、两整列两半列三走道、三整列四走道等形式。

鸡舍类型

按鸡舍的建筑形式，可分为开放式鸡舍（普通鸡舍或有窗鸡舍）、密闭式鸡舍（又称为环境控制鸡舍）和卷帘式鸡舍三种。按饲养方式和设备分为平养鸡舍和笼养鸡舍。按饲养阶段可分为育雏鸡舍、育成鸡舍、成年鸡舍、育雏育成鸡舍、育成产蛋鸡舍、育雏—育成—产蛋鸡舍，等等。

（1）开放式鸡舍①　又称普通鸡舍或有窗鸡舍。这种鸡舍适用于广大农村地区，我国大部分蛋鸡饲养场尤其是农村蛋鸡饲养户均采用此种鸡舍。

此类鸡舍可分为全开放式和半开放式鸡舍两种。全开放式鸡舍依赖自然空气流动达到舍内通风换气，完全自然采光；半开放式鸡舍为自然通风辅以机械通风，自然采光和人工光照相结合，在需要时利用人工光照加以补充。

①开放式鸡舍采用自然通风和自然光照＋人工补光的形式，鸡舍内温度、湿度、光照、通风等环境因素控制得好坏，取决于鸡舍设计、鸡舍建筑结构的合理程度。

开放式鸡舍的优点是能减少开支、节约能源，原材料投入成本不高，适合于不发达地区及小规模和个体户养殖。缺点是受自然条件的影响大，生产性能不稳定，同时不利于防疫及安全均衡生产。

鸡舍内饲养鸡的品种、数量的多少、笼架、产蛋箱和栖架的安放方式等，均会影响舍内通风效果、温度、湿度及有害气体的控制等。因此，在设计开放式鸡舍时要充分考虑到以上因素。

在我国南方地区由于炎热，有的地区开放式鸡舍只有简易的顶棚，而四壁全部敞开；还有的地区开放式鸡舍三面有墙，南向敞开；最多见的开放式鸡舍是四面有墙，南墙留有大窗，北墙留有小窗的有窗鸡舍。有窗鸡舍的所有窗户都要安装铁丝网，以防止飞鸟和野兽进入鸡舍。

(2) 封闭式鸡舍　这种鸡舍建筑成本高，要求 24 小时能提供电力等能源，技术条件要求也较高。

这种鸡舍能给鸡群提供适宜的生长环境，但饲养商品蛋鸡的成本高，故我国除育雏舍外多数都不采用此种鸡舍。

此种鸡舍的屋顶及墙壁都采用隔热材料封闭起来，有进气孔和排风机；舍内采光常年靠人工光照，安装有轴流风机，机械负压通风。舍内的温度、湿度通过变换通风量大小和气流速度的快慢来调控。降温采用加强通风换气量，在鸡舍的进风端设置空气冷却器等。

其优点是：能够减弱或消除不利的自然因素对鸡群的影响，使鸡群能在较为稳定的、适宜的环境下充分发挥品种潜能，稳定高产。可以有效地控制和掌握育成鸡的性成熟，较为准确地监控营养和耗料情况，提高饲料转化率。因几乎处于密闭的状态下，可以防止野禽与昆虫的侵袭，大大减少了经自然媒介传播疾病的机会，有利于卫生防疫管理。此种鸡舍的机械化程度高，饲养密度大，降低了劳动强度，同时由于采用了机械通风，鸡舍之间的间隔可以减小，节约了生产区的建筑面积。

(3) 卷帘式鸡舍（兼用型鸡舍） 此类鸡舍兼有密闭式和开放式鸡舍的优点，在我国南北各地无论是高热地区还是寒冷地区都可以采用。

鸡舍的屋顶材料采用石棉瓦、铝合金瓦、普通瓦片、玻璃钢瓦，并且采用防漏隔热层处理。

此种鸡舍除了在离地 15 厘米以上建有 50 厘米高的薄墙外，其余全部敞开，在侧墙壁的内层和外层安装隔热卷帘，由机械传动，内层卷帘和外层卷帘可以分别向上和向下卷起或闭合，能在不同的高度开放，可以达到各种通风要求。夏季炎热可以全部敞开，冬季寒冷可以全部闭合。

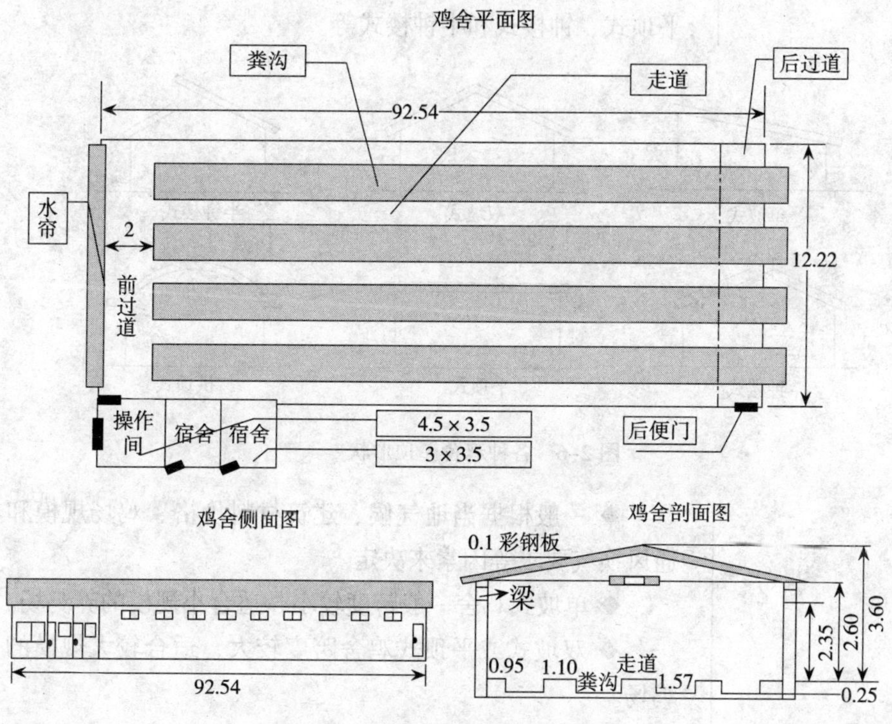

图 2-5 鸡舍内部设计（单位为米）

①鸡舍面积的大小直接影响鸡的饲养密度，合理的饲养密度可使鸡获得足够的活动范围、充足的饮水、采食空间，有利于鸡群的生长发育。

鸡舍面积[①]

◆ 通常地面平养情况下，饲养密度为：0～3 周龄 20～30 只 / 米 ^{2}，4～9 周龄 10～15 只 / 米 ^{2}，10～20 周龄 8～12 只 / 米 ^{2}，20 周龄后 6～8 只 / 米 ^{2}。

◆ 密度过大会限制鸡只的自由活动，造成空气污染、温度增高，还会诱发啄肛、啄羽等现象发生。由于拥挤，有些弱鸡经常吃不到足够的饲料，体重不达标，造成鸡群均匀度过低。

◆ 密度过小会增加设备和人工及各种分摊费用，保温也较困难。

屋顶形状

鸡舍屋顶形状有很多种，如单坡式、双坡式、双坡不对称式、拱式、平顶式、钟楼式和半钟楼式等。

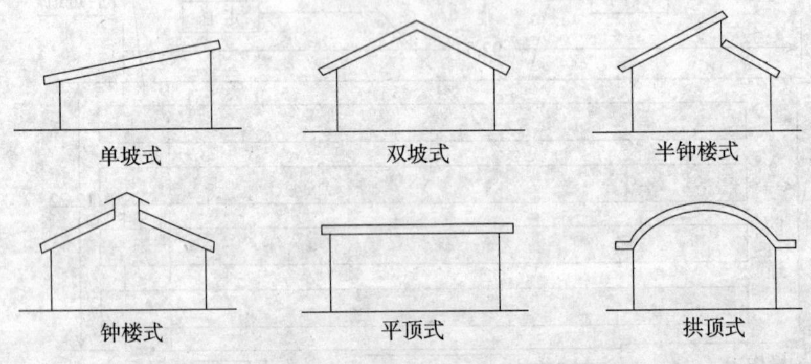

图 2-6 各种鸡舍屋顶形状

◆ 一般根据当地气候、建筑材料价格、鸡场规模和通风换气要求等因素来决定。

◆ 单坡式鸡舍一般跨度较小，适合小规模的养鸡场。

◆ 双坡式或平顶式鸡舍跨度较大，适合较大规模的鸡场。

◆ 双坡不对称式鸡舍，采光和保温效果都好，适合我国北方地区。

◆ 在南方干热地区，屋顶可适当高些以利于通风，北方寒冷地区可适当矮些以利于保温。

◆ 生产中大多数鸡舍采用三角形双坡屋顶，坡度一般为 1/3 ~ 1/4。屋顶材料要求绝热性能良好，以利于夏季隔热和冬季保温。

鸡舍墙壁和地面

◆ 墙壁[①]的建材过去多用砖混结构，现多用彩钢板结构，内墙设计应做到能防潮和便于冲刷。

◆ 开放式鸡舍育雏室要求墙壁保温性能良好，并有一定数量可开启、可密闭的窗户，以利于保温和通风。

◆ 育成鸡舍和蛋鸡舍前、后墙壁有全敞开式、半敞开式和开窗式几种。敞开式一般敞开 1/3 ~ 1/2，敞开的程度取决于气候条件和鸡的品种。

◆ 敞开式鸡舍在前、后墙壁进行一定程度的敞开，但在敞开部位应安装防护网后加装玻璃窗，或沿纵向装尼龙布等耐用材料做成的卷帘，这些玻璃窗或卷帘可关、可开，根据气候条件和通风要求随意调节；开窗式鸡舍则是在前、后墙壁上安装一定数量的窗户，用来调节室内温度和通风。

◆ 鸡舍地面应高出舍外地面 0.3 ~ 0.5 米，舍内应设排水孔，以便舍内污水的顺利排出。

◆ 永久性鸡舍地面最好为混凝土地面，保证地面结实、坚固，便于清洗、消毒；简易临时鸡舍考虑以后的土地复耕也可以采用土地面。

◆ 在潮湿地区修建鸡舍时，混凝土地面下应铺设防水层，防止地下水湿气上升，保持地面干燥。为了有利于舍内清洗消毒时排水，中间地面与两边地面之间应有一定的坡度。

①墙壁是鸡舍的围护结构，要求能防御外界风雨侵袭，隔热性能良好，为舍内的鸡只提供适宜环境。

4. 养鸡设施与设备

环境控制设备 任何一个优良的鸡品种，如果没有良好的环境控制设备来保持鸡舍的环境，其生产性能就不能正常发挥出来。因此，良好的环境控制设备是养鸡场经济效益的基础。

(1) 通风换气设备①

◆ 通风设备一般有轴流式风机、离心式风机、吊扇和圆周扇。

①在炎热的夏天，当气温超过30℃后，鸡群会感到极不舒适，鸡的生长发育和产蛋性能会严重受阻，此时除了采取其他抗热应激和降温措施之外，加强舍内通风是主要的手段之一。

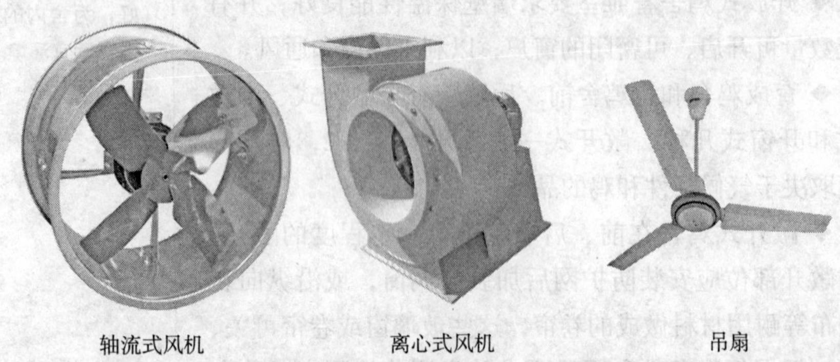

图 2-7　风机和吊扇

◆ 通风方式可采用风扇送风（正压通风）、风扇抽风（负压通风）和联合式通风。

◆ 风机应安装在使鸡舍内空气纵向流动的位置，这样通风效果才最好；风扇的数量可根据风扇功率、鸡舍面积、鸡只体重大小和数量多少、鸡舍温度高低进行计算得出。

(2) 供温设施与设备

①烟道供温②：烟道供温有地上水平烟道和地下烟道两种。地上水平烟道是在育雏室墙外建一个炉灶，根据育雏室面积大小在室内用砖砌成一个或两个烟道，一端

②烟道供温时室内空气新鲜，粪便干燥，可减少疾病感染，适用于广大农户养鸡和中、小型鸡场。

与炉灶相通。烟道排列形式因房舍而定。烟道另一端穿出对侧墙后，沿墙外侧建一个较高的烟囱，烟囱应高出鸡舍1米左右，通过烟道对地面和育雏室空间加温。地下烟道与地上烟道相比差异不大，只是炉灶和室内烟道建在地下。

应注意烟道不能漏气，以防鸡只一氧化碳中毒。在北方早春育雏时，如果育雏舍内温度低，可在离地面1米高处用塑料薄膜隔断，形成一个小矮室，以提高育雏温度。

②煤炉供温：煤炉由炉灶和铁皮烟筒组成。使用时先将煤炉加煤升温后放进育雏室内，炉上加铁皮烟筒，烟筒伸出室外，烟筒的接口处必须密封，以防煤烟漏出，导致雏鸡一氧化碳中毒死亡。烟筒由煤炉到室外要逐步向上倾斜，到达室外后应垂直向上，并要根据室外的风向进行调整，以免烟筒口迎风，使煤炉倒烟，而不利于燃气的排出，造成雏鸡一氧化碳中毒。

煤炉15厘米的周围要用铁丝网或石棉瓦等隔离，以防雏鸡靠近煤炉被烫或周围垫料燃烧引起火灾。如果育雏舍保温性能良好，一般每15～20米^{2}配置一个煤炉。此方法适用于较小规模的养鸡户使用，方便简单。

③保温伞供温：保温伞由伞部和内伞两部分组成。伞部用镀锌铁皮或纤维板制成伞状罩，内伞有控温系统、热源、灯泡等。自动控温系统可根据设定的温度，自动控制热源的供热与否。热源用电阻丝、电热管或燃气热源等，安装在伞内壁周围，伞中心安装电灯泡用于夜间照明。

1.5米的保温伞可育雏鸡300～400只。应用保温伞育雏时，要求能保证室温24℃以上、伞下缘距地面高度5厘米处温度可达35℃，雏鸡可以在伞下自由出入。

保温伞育雏时，要有配套护围，防止育雏开始时雏鸡走失，找不到热源。雏鸡 3 日龄后护围逐渐向外扩大，10 日龄后撤掉护围，此种方法一般用于平面育雏。冬季使用保温伞育雏时，多半需要有暖气或煤炉等其他室内加热设备。

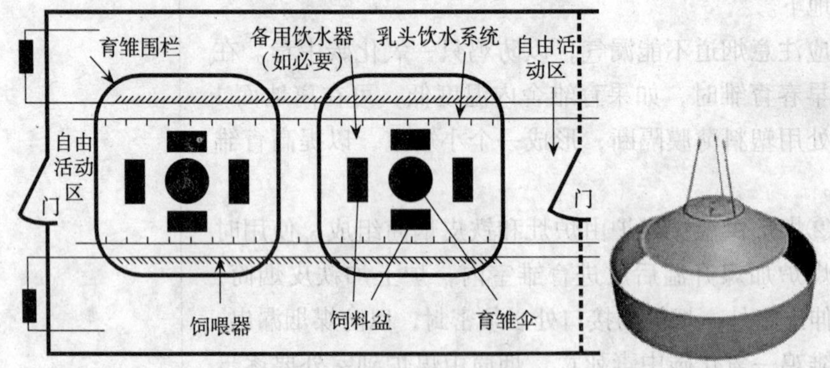

图 2-8　保温伞和护围

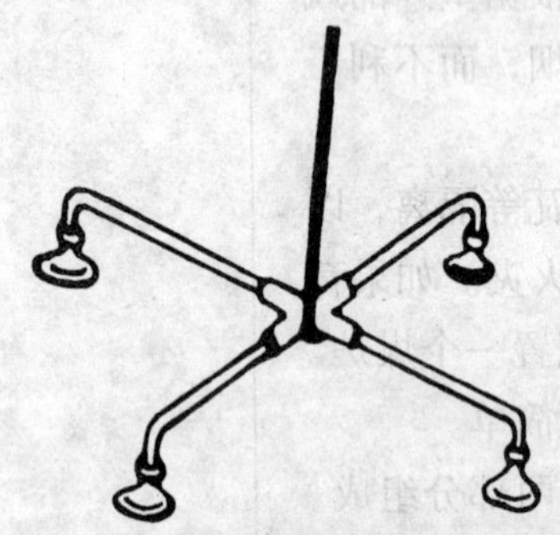

图 2-9　红外线灯泡育雏示意图
（隋茁提供）

④红外线灯泡供温：利用红外线灯泡散发出的热量育雏，简单易行，被广泛使用。为了增加红外线灯的取暖效果，可在灯泡上部制作一个大小适宜的保温灯罩，红外线灯泡的悬挂高度一般离地 25～30 厘米。

在室温 25℃时一只 250 瓦的红外线灯泡一般可给110 只雏鸡供温，室温 20℃时可给 90 只雏鸡供温。采用红外线灯泡育雏时最好配套用乳头饮水器，因为其他饮水方式可能将水滴抛向红外线灯泡，一旦发生这种情况，灯泡将会爆炸。同保温伞育雏一样，在冬季用红外线灯泡育雏，也要配套其他室内加热设备。

⑤远红外线加热板供温：远红外线加热器是由一块电阻丝组成的加热板，板的一面涂有远红外涂层（黑褐色），通过电阻丝热激发红外涂层，而发射一种肉眼见不

到的红外光，使室内加温。

安装时将远红外线加热器的黑褐色涂层向下，离地 2 米高，用铁丝或圆钢、角钢等固定。8 块 500 瓦远红外线加热板可供 50 米 ^{2} 育雏室加热。最好在远红外线加热板之间安一个小风扇，使室内温度均匀，这种供热法耗电量较大，但育雏效果较好。

⑥其他供暖设备：如暖气、辐射采暖板、采暖散热片、暖风机、热风炉等。

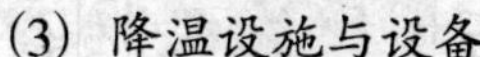

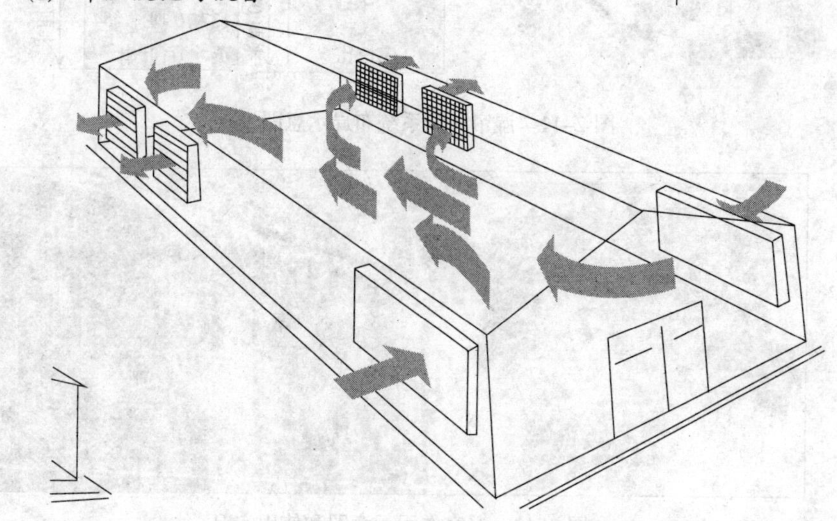

图 2–10　湿帘 / 风扇降温系统示意图

①湿帘 / 风扇降温系统：由湿帘箱、循环水系统、轴流式风机和控制系统四部分组成，此种降温方式降温效果好。湿帘 / 风扇降温系统是利用水的蒸发降温原理实现降温目的。

②低压喷雾系统：喷嘴安装在舍内的上方，以常规的压力进行喷雾降温。

③高压喷雾系统：由泵组、水箱、过滤器、输水管、喷头固定架组成，此种方法降温快。

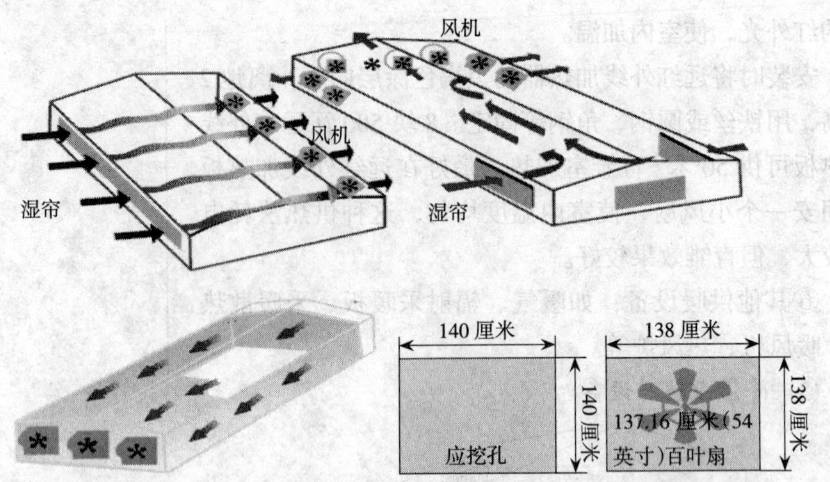

图 2-11　湿帘降温系统布局示意图

图 2-12　湿帘作用示意图和使用实况
(隋苗提供)

(4) 光照控制设备

光照控制设备包括照明灯、电线、电缆、光照控制系统和配电系统。适用于密闭鸡舍的有遮光流板和 24 小时可编光照程序控制器。现市场上销售的光照控制器价格不高，可按程序设定开灯、关灯时间指令，简单方便，控时精确，光照强度可调，开关灯有渐明和渐暗功能，可消除鸡的应激反应，防止惊群，并延长灯泡使用寿命。

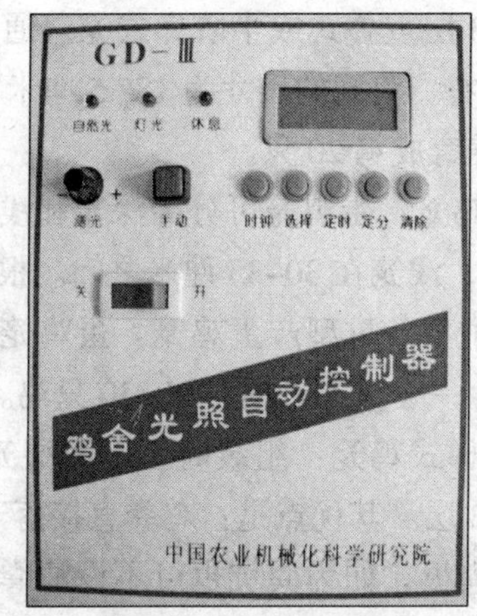

图 2-13　光照控制器

（引自中国农业机械化科学研究院）

饲养设备

（1）笼网设备

①平面网上育雏[①]设备：雏鸡饲养在鸡舍内离地面一定高度的平网上，平网可用金属、塑料或竹木制成，平网离地高度 80～100 厘米，网眼为 1.2 厘米×1.2 厘米。

②立体育雏[②]设备：雏鸡饲养在鸡舍离开地面的重叠笼或阶梯笼内，笼子可用金属、塑料或竹木制成，规格一般为 1 米×2 米。

图 2-14　立体育雏笼

（章双杰摄）

◆ 育成鸡笼[③]：

①这种方式育雏雏鸡不与地面粪便接触，可减少疾病传播。

②虽然增加了育雏笼的投资成本，但可提高单位面积的育雏数量和房屋利用率；雏鸡发育整齐，减少了疾病传染，提高了成活率。

③鸡笼的组装：将单个鸡笼组装成为笼组具有多种形式，应根据本鸡场的具体情况（鸡舍面积、饲养密度、机械化程度、管理情况、通风及光照情况），组装成不同的形式。

一般采用 2~3 层重叠式或半阶梯式笼。通常每平方米饲养鸡 10 只左右。鸡笼的尺寸为 187.5 厘米 × 44 厘米 × 33 厘米，可饲养育成鸡 20 只。

◆ 产蛋鸡笼：蛋鸡笼可分为深笼和浅笼，深笼的笼深为 50 厘米，浅笼在 30~35 厘米之间。根据不同的规格分为轻型、中型及重型产蛋鸡笼。蛋鸡笼一般每格可容纳 3~5 只鸡，一个单笼可饲养 20~30 只鸡。

◆ 全阶梯式鸡笼：组装时上下两层笼体完全错开，常见的为 2~3 层。其优点是：鸡粪直接落于粪沟或粪坑，笼底不需设粪板，如为粪坑也可不设清粪系统；结构简单，停电或机械故障时可以人工操作；各层笼敞开面积大，通风与光照面积大。缺点是：占地面积大，饲养密度低，每平方米 10~12 只鸡，设备投资较多。目前，我国采用最多的是蛋鸡三层全阶梯式鸡笼和种鸡两层全阶梯人工授精笼。

◆ 半阶梯式鸡笼：上下两层笼体之间有 1/4~1/2 的部位重叠，下层重叠部分有挡粪板，按一定角度安装，粪便清入粪坑。因挡粪板的作用，通风效果比全阶梯差，饲养密度为每平方米 15~17 只鸡。

◆ 层叠式鸡笼：鸡笼上下两层笼体完全重叠，常见的有 3~4 层，高的可达 8 层，饲养密度大大提高。其优

图 2-15　半阶梯式产蛋笼

（章双杰摄）

点是：鸡舍面积利用率高，生产效率高。饲养密度三层为16~18只/米^2，四层为18~20只/米^2。缺点是：对鸡舍的建筑、通风设备、清粪设备要求较高。

◆ 单层平列式鸡笼：组装时一行行笼子的顶网在同一水平面上，笼组之间不留车道，无明显的笼组之分。管理与喂料等一切操作，都需要通过运行于笼顶的天车来完成。一般鸡场多不采用此种方法。

(2) 饮水设备　饮水设备常用的有水槽、真空式饮水器、吊塔式饮水器、乳头式饮水器、杯式饮水器等多种。

平养鸡舍多用真空式、吊塔式或乳头式饮水器，其中乳头式饮水器具有较多的优点，可保持供水的新鲜、洁净，极大地减少了疾病的发生；用水节约、水量充足且无湿粪现象，改善了鸡舍的环境。

①长形水槽：这是许多老鸡场常用的一种饮水器，一般用镀锌铁皮或塑料制成。饮水槽分V形和U形两种，材料有镀锌板、塑料、玻璃钢、搪瓷等，深度为50~60毫米，上口宽50毫米，长度按需要而定。此种饮水器的优点是结构简单、成本低，便于饮水免疫。缺点是耗水量大，易受污染，刷洗工作量大。

②真空饮水器：由聚乙烯塑料筒和水盘组成，筒倒扣在盘上。水由壁上的小孔流入饮水盘，当水将小孔盖住时即停止流出，适用于雏鸡和平养鸡。优点是供水均衡、使用方便，但清洗工作量大，饮水量大时不宜使用。

③吊盘式饮水器：除少数零件外，其他部位用塑料制成，主要由上部的阀门机构和下部的吊盘组成。阀门通过弹簧自动调节并保持吊盘内的水位。一般用绳索或钢丝悬吊在空中，根据鸡体高度调节饮水器高度，适用于平养，一般可供50只鸡饮水用。优点为节约用水，清

洗方便。

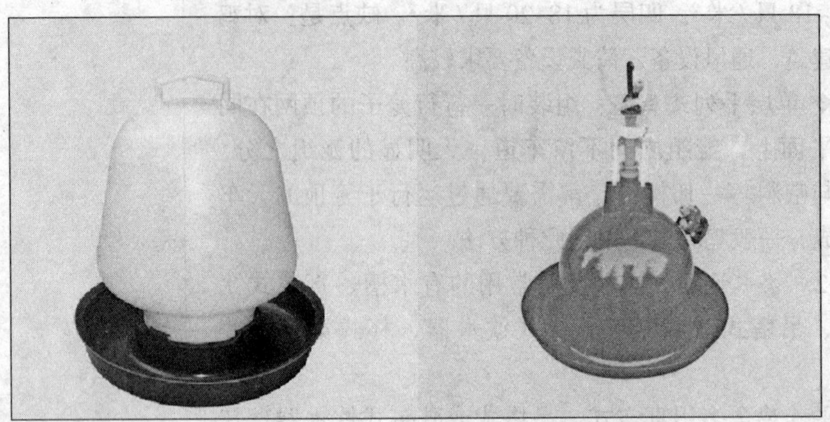

图 2-16 真空式饮水器（左）和吊塔式饮水器(右)

④乳头式饮水器：为现代最理想的一种饮水器。乳头式饮水器由阀芯与触杆组成，阀芯直接与水管相连，由于毛细管的作用，触杆的端部经常悬着一滴水，每当鸡需要饮水时，只要啄动触杆，水即流出，当鸡饮水完毕，不再啄动触杆，触杆将水路封闭，水即停止外流。这种饮水器既节约用水又有利于防疫，并且不需要清洗，

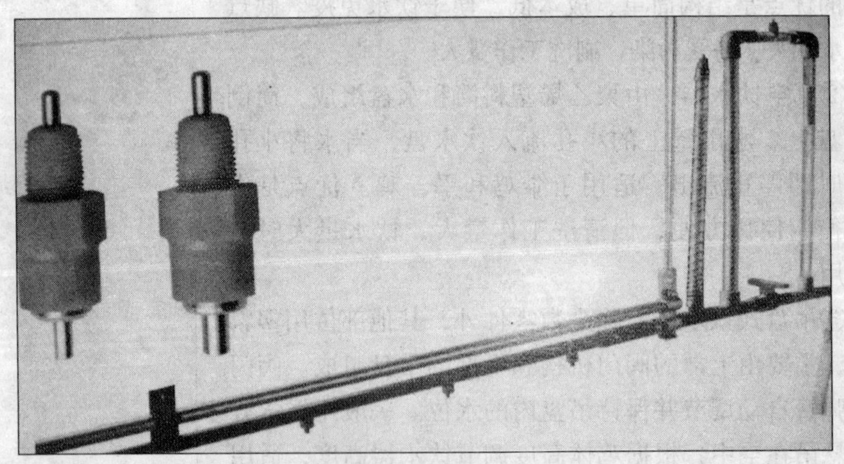

图 2-17 带冲洗系统的乳头式饮水器

经久耐用，不需要经常更换。缺点是：每层鸡笼均需设置减压水箱，不便进行饮水免疫，对材料和制造精度要求较高。

乳头式饮水器要安装在鸡的上方，让鸡抬头饮水，要随鸡体重的变化逐步调节饮水器的高度。

⑤杯式饮水器：饮水器呈杯状，与水管相连，此饮水器采用杠杆原理供水，杯中有水能使触板浮起，由于进水管水压的作用，平时阀帽关闭，当鸡吸触板时，通过联动杆即可顶开阀帽，水流入杯内，借助于水的浮力使触板恢复原位，水不再流出。缺点是水杯需要经常清洗，且需配备过滤器和水压调整装置。

⑥过滤器和减压装置：过滤器能滤去水中的杂质。鸡场一般使用水塔供水，其水压为51～408千帕，适用于水槽或吊塔式饮水器饮水，若使用乳头式或杯式饮水系统时，必须安装减压装置。减压装置常用的有水箱和减压阀两种，水箱结构简单，便于投药，生产中使用较普遍。

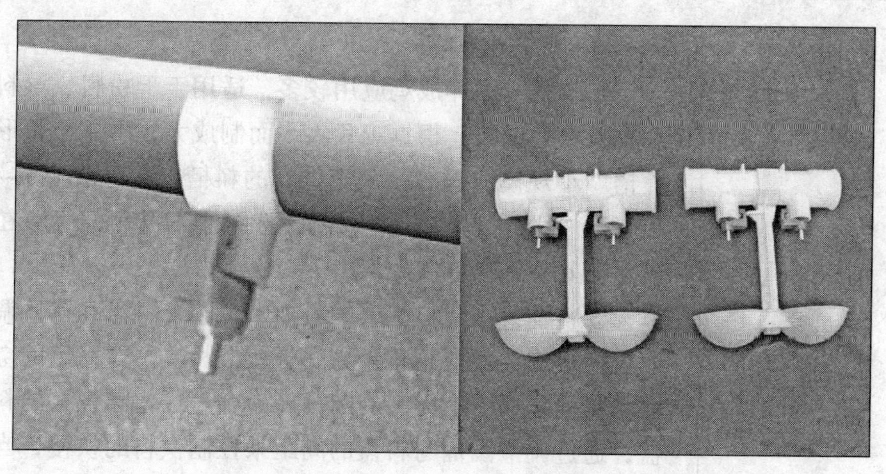

图2-18　乳头式（左）和杯式饮水器（右）

表 2-5 各饮水系统的主要部件和性能

名称	主要部件及性能	优缺点
水槽	①常流水式由进水龙头、水槽、溢流水塞和下水管组成。当供水超过溢流水塞时，水即由下水管流进下水道 ②控制水面式由水槽、水箱和浮阀等组成。适用于蛋鸡舍的笼养和平养	结构简单。但耗水量大，疾病传播机会多，刷洗工作量大。安装要求精度大，长鸡舍很难水平，供水不匀，易溢水
真空饮水器	由聚乙烯塑料筒和水盘组成。筒倒装在盘上，水通过筒壁小孔流入饮水盘，当水将小孔盖住时即停止流出，保持一定水面。适用于雏鸡和平养鸡	自动供水，无溢水现象，供水均衡，使用方便； 不适于饮水量较大时使用，每天清洗工作量大
吊塔式饮水器	由钟形体、滤网、大小弹簧、饮水盘、阀门体等组成。水从阀门体流出，通过钟形体上的水孔流入饮水盘，保持一定水面。适用于大群平养	灵敏度高，利于防疫，性能稳定，自动化程度高；洗刷费力
乳头式饮水器	由饮水乳头、水管、减压阀或水箱组成，还可以配置加药器。乳头由阀体、阀芯和阀座等组成。阀座和阀芯由不锈钢制成，装在阀体中并保持一定间隙，利用毛细管作用使阀芯底端经常保持一个水滴，鸡啄水滴时即顶开阀座使水流出。平养和笼养都可以使用。雏鸡可配各种水杯	节省用水，清洁卫生，只需定期清洗过滤器和水箱，节省劳力。经久耐用，不需更换 对材料和制造精度要求较高；质量低劣的乳头饮水器容易漏水

(3) 喂料设备

①料槽：平养成鸡应用较多，适用于干粉料、湿料和颗粒料的饲喂，根据鸡只大小而制成大、中、小长形食槽。小规模散养时，人工供料的料槽长度一般为1～1.5米，为防止鸡踏入料槽弄脏饲料或在槽边栖息，可在槽上安上一个转动的横梁。

②料桶：用塑料制成的料桶，由圆形料盘和连接调节机构组成。料桶与料盘之间有短链相接，留一定的空隙。料桶包括一个无底的圆桶和一个直径比圆桶大的料盘，通过调节圆桶与料盘的间距来控制供料的快慢，当鸡将料盘中的饲料采食完，圆桶中的饲料通过与料盘的间隙自动补充到料盘中。圆桶中没有饲料后，要人工补

图 2-19　料槽和料桶

充添加，料桶只能用于人工供料。

◆ 链板式喂饲机[①]：普遍应用于平养和各种笼养成鸡舍。由料箱、链环、长饲槽、驱动器、转角轮和饲料清洁器等组成，链环经过饲料箱时将饲料带至食槽各处。

◆ 螺旋弹簧式喂料机：广泛应用于平养成鸡舍。电动机通过减速器驱动输料圆管内的螺旋弹簧转动，料箱内的饲料被送进输料圆管，再从圆管中的各个落料口掉进圆形食槽。

◆ 塞盘式喂饲机：由一根直径为 5~6 毫米的钢丝和每隔 7~8 厘米一个的塞盘组成（塞盘用钢板或塑料制成），在经过料箱时将料带出。优点是饲料在封闭的管道内运送，一台喂饲机可同时为 2~3 栋鸡舍供料。缺点是当塞盘或钢索折断时，修复麻烦且安装时技术水平要求高。

◆ 斗式供料车和行车式供料车：此两种供料车常用于多层鸡笼和叠层式笼养成鸡舍。

◆ 供料输送装置：分为固定式的喂料机和移动式的给料车。

①一般包括贮料塔、输料机、喂料机和饲槽等四个部分。贮料塔一般在鸡舍的一端或侧面，用 1.5 毫米厚的镀锌钢板冲压而成，其上部为圆柱形，下部为圆锥形，圆锥与水平面的夹角应大于 60 度，以利于排料，喂料时，由输料机将饲料送到饲槽。

图 2-20　绞龙式（左）和螺旋弹簧式（右）料盘供料

图 2-21　移动式给料车（左）和行车式给料车(右)

清粪设备

(1) 牵引式刮粪机　一般由牵引机、刮粪板、框架、钢丝绳、转向滑轮、钢丝绳转动器等组成。一般在一侧有贮粪沟。它是靠绳索牵引刮粪板，将粪便集中，刮粪板在清粪时自动落下，返回时，刮粪板自动抬起。主要用于鸡舍内同一个平面一条或多条粪沟的清粪，一粪沟与相邻粪沟内的刮粪板由钢丝绳相连，可在一个回路中运转，一刮粪板正向运行，另一个则逆向运行。也可楼上楼下联动同时清粪。钢丝绳牵引的刮粪机结构比较简单，维修方便，但钢丝绳易被鸡粪腐蚀而断裂。

图 2–22 清粪设备

(2) 传送带清粪 常用于高密度叠层式上下鸡笼间清粪，鸡的粪便可由底网空隙直接落于传送带上，可省去承粪板和粪沟。采用高床式饲养的鸡舍，鸡粪可直接落在深坑中，积粪经一年后再清理，非常省事。传送带清粪装置由传送带、主动轮、从动轮、托轮等组成。传送带的材料要求较高，成本也昂贵。如制作和安装符合质量要求，则清粪效果好，否则系统易出现问题，会给日常管理工作带来许多麻烦。

其他设备

(1) 断喙器 断喙器有各种型号，使用方法也各不相同。但基本原理都是采用红热烧切，在断喙的过程中同时进行止血。

断喙器主要由调温器、变压器、上（动）刀片和下刀口组成。它通过变压器将 220 伏电压变成低电压大电流，使动刀片的工作温度达 820℃以上，通过调温器可以改变刀片温度高低，以适应不同日龄鸡只的需要。

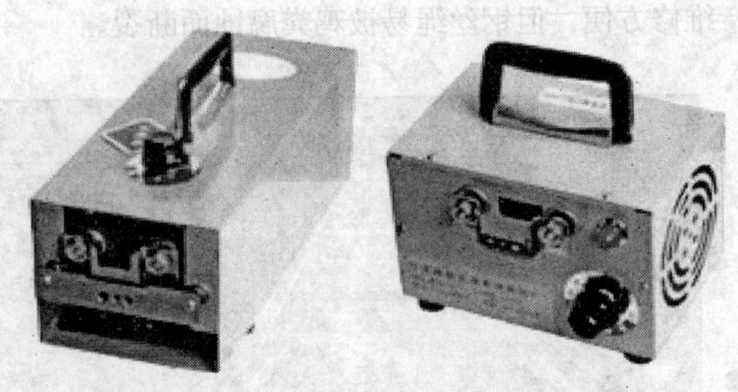

图 2–23　断喙器

动刀片是断喙器的主要工作部件，刀片的红热程度直接影响到断喙的质量，当断喙的鸡数达到一定数量后，刀片的红热程度有所下降，这时应关掉电源，将刀片卸下，用砂纸打磨刀片的接触部位，然后装紧刀片继续断喙。一定要保证上述操作时断电，因为带电操作不安全，并且带电紧螺丝时，极易将螺丝拧坏。

(2) **栖架**[①]　散养蛋鸡必须要有栖架，每只成年蛋鸡要有 20 厘米宽的栖位，栖木的直径应大于 5 厘米。

(3) **诱虫设备**　有黑光灯、高压灭蛾灯、荧光灯、白炽灯、电杆、电线、性激素诱虫盒等。没有电源的地方还要有小型风力发电机和蓄电池或太阳能蓄电池，有沼气的地方也可用沼气灯作为光源。

(4) **捉鸡与装鸡工具**

①捕鸡兜：捕鸡兜是一个直径 30 ~ 40 厘米的圆圈，固定在约 1.5 米长的手柄上，圆圈上有一个半封闭的线绳网兜或塑料网兜。使用时用网将鸡扣在地面，也可沿地面将鸡兜入网中，捕鸡兜适于户外捉鸡。

②捉鸡钩：捉鸡钩用稍带钢性的 8 号铁丝做成，长度相当于人的体高，过长或过短在钩鸡使用时都不方便。将一端弯成手持的手柄，另一端弯成不对称的 W 弯，根据所捕捉鸡只胫骨的粗细调节 W 弯张开角度，捉鸡钩适

①鸡属于鸟类，有择木而栖的习性，散养蛋鸡每到天黑前，总想在鸡舍内找一个高处栖息。如果没有栖架，个别鸡会飞到窗台或其他高处过夜，多数鸡则拥挤成一团趴在地面上，这时寄生虫很易侵袭鸡群，对鸡只的健康生长不利。

合从大群中捉鸡。

③拦鸡网：拦鸡网用木框或钢筋架和铁丝网制成，用高 130 厘米、宽 50 厘米的网片 6～8 片，网片间用铁丝、绳子或折页连在一起，使用时将鸡圈围在网中，人入到网中捉鸡。

(5) 免疫及清洗消毒设备　主要有火焰消毒器、喷雾消毒器、高压冲洗消毒器、自动喷雾器和连续注射器等。

(6) 集蛋和运蛋设备

图 2-24　送蛋车

(章双杰摄)

三、蛋鸡的营养需要

目标

- 了解各种营养素的营养作用
- 了解蛋鸡的生产特点
- 掌握蛋鸡不同阶段的生理特点及营养需要
- 熟悉常见的蛋鸡饲养标准

1. 各种营养素的营养作用

鸡和其他动物一样都有生长、运动、繁殖等生命活动，其生长发育和产蛋所需的营养物质，必须通过饲料和饮水供给。日粮中含有的营养需要包括一天的维持需要、生长增重的需要和产蛋的需要。鸡需要的营养素包括水、蛋白质、能量、矿物质和维生素等。

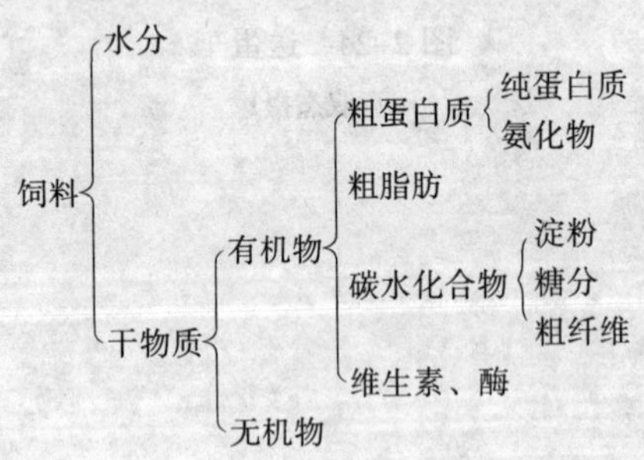

图 3-1　饲料主要营养成分

能　　量①

饲料中的有机物质——碳水化合物、脂肪②和蛋白质都含有能量。碳

①能量是家禽一切生理活动的基本保证，包括呼吸、循环、消化吸收、排泄、神经活动、运动、生长、繁殖、调节体温、羽毛生产及产蛋等，也是生产体脂的原料。

②在饲料分析中，凡是能够用乙醚浸出的物质统称为脂肪，包括真脂、类脂，脂肪的主要作用是氧化供能。

水化合物的能值约为17.58千焦/克，脂肪约为39.3千焦/克，蛋白质约为23.6千焦/克。

能量进食量受环境温度的影响，以22℃时动物机体的能量需要为标准，每升高或降低1℃，每千克体重能量需要相应增加或减少5.56千焦。

脂肪是细胞原生质的成分，家禽在形成体组织和修补体组织时，可以将体内的碳水化合物转化为脂肪，不需要直接由饲料供给。有些脂肪酸必须由饲料供给，它们在体内不能合成，称为必需脂肪酸，包括亚油酸和亚麻油酸，以前者为主，后者可以由亚油酸转变，它们的需要量很小，鸡饲粮中含有0.8%~1%亚油酸就可以满足需要。植物性饲料的脂肪中亚油酸常在50%左右，所以饲粮中含植物油2%以上就不至于缺乏。谷物饲料一般含脂肪3%左右，豆饼含脂肪5%以上，但用溶剂法取油后的豆粕含脂肪低于1%。

蛋白质[①]和氨基酸 蛋白质营养实质是构成蛋白质的基本物质——氨基酸的营养。饲料蛋白质被家禽采食后，首先在胃中被胃蛋白酶分解为蛋白胨，进入小肠后被胰蛋白酶和小肠蛋白酶分解为肽，最终分解为各种氨基酸而被吸收。构成蛋白质的氨基酸有20多种，分为必需氨基酸和非必需氨基酸。

(1) 必需氨基酸 家禽的必需氨基酸有赖氨酸、蛋氨酸、异亮氨酸、精氨酸、色氨酸、苏氨酸、苯丙氨酸、组氨酸、缬氨酸、亮氨酸和甘氨酸。在饲养实践中，一般谷物与饼粕类饲料配合家禽的日粮时，蛋氨酸、赖氨酸还有精氨酸、苏氨酸和异亮氨酸常常达不到营养需要标准的数量，使蛋白质的营养受到限制，因此称为限制性氨基酸[②]。按它们缺乏的次序，依次称为第一限制性氨基酸、第二限制性氨基酸和第三限制性氨基酸。

(2) 非必需氨基酸 非必需氨基酸有丝氨酸、丙氨

①蛋白质是生命的基础，是构成细胞原生质的成分，也是各种酶、激素与抗体的基本成分，是家禽产品肉与蛋中最主要的成分。

②限制性氨基酸是指一定饲料或饲粮所含必需氨基酸的量与动物所需必需氨基酸的量相比，比值偏低的氨基酸。由于这些氨基酸的不足，会限制动物对其他必需和非必需氨基酸的利用。

酸、谷氨酸、天门冬氨酸、胱氨酸、脯氨酸、羟脯氨酸、酪氨酸、半胱氨酸等。其中胱氨酸多由蛋氨酸合成，酪氨酸多由苯丙氨酸合成，因此，二者不足时会增加必需氨基酸蛋氨酸和苯丙氨酸的需要量，所以饲粮中胱氨酸与酪氨酸的量往往与蛋氨酸和苯丙氨酸合并考虑。

矿物质[1] 畜禽需要的矿物质元素有13种，其中常量元素[2]包括钙、磷、钾、钠、镁、氯、硫；微量元素[3]包括锰、锌、铜、铁、碘、钴，有些地区土壤中缺乏硒。钙、磷和镁是机体的结构性物质，矿物质在代谢中也起重要作用，锰、锌、铜、铁、碘、钴是辅酶基、激素或某些维生素的组成成分，它们的生理功能各不相同。

维生素[4] 迄今为止，评定家禽对维生素的需要量尚无一致的标准。目前多以家禽的生产成绩为指标，以生化指数为指标者少见。最常用的指标，对幼禽是生长率，对成年产蛋禽则是产蛋量和孵化率。但鸡对各种维生素的需要有相应最敏感的反应指标，产蛋鸡维生素的需要量判断指标见表3-1。

①矿物质是家禽体组织和细胞，特别是骨骼最重要的成分。

②常量元素是指在有机体内含量占体重0.01%以上的元素。

③微量元素是指有机体内含量占体重0.01%以下的元素。

④维生素是一组化学结构不同、营养作用和生理功能各异的化合物，主要功能是控制与调节体内代谢。

表3-1 产蛋鸡维生素需要量的判断指标

维生素种类	判断指标
维生素A	产蛋量、孵化率
维生素E	孵化率
维生素D	产蛋量、蛋壳品质
维生素K	孵化率
核黄素	产蛋量、孵化率和雏鸡质量
泛酸	产蛋量、孵化率和后代的生活力
烟酸	产蛋量、孵化率
维生素B_{12}	孵化率
胆碱	产蛋量
生物素	产蛋量
叶酸	产蛋量、孵化率
硫氨素	孵化率
吡哆醇	产蛋量、孵化率

通常以不同水平的维生素进行饲养试验，根据所选指标的最佳效果确定需要量。

水 水对产蛋禽的产蛋率影响很大，饮水的供应非常重要，供水不足，会导致产蛋率大幅下降。家禽对于水的需要，一般以料：水=1：2 即可。实际生产中多采用不间断供水（自由饮水）或间断充足供水来保证供水量。

表 3-2　美国 NRC（1994）建议的不同周龄鸡的饮水量

单位：毫升

周龄	白来航蛋鸡	褐壳蛋鸡	周龄	白来航蛋鸡	褐壳蛋鸡
1	200	200	11	—	—
2	300	400	12	1 000	1 100
3	—	—	13	—	—
4	500	700	14	1 100	1 100
5	—	—	15	—	—
6	700	800	16	1 200	1 200
7	—	—	17	—	—
8	800	800	18	1 300	1 300
9	—	—	19	—	—
10	900	1 000	20	1 600	1 500

注：饮水量与环境温度①、日粮组成、生长速度、产蛋率和饲养设备有关，此表数据为 20～25℃环境温度下测定。

①温度对饮水量的影响很大，气温高于 20℃时饮水量开始增加，35℃为 20℃时的 1.5 倍，0℃以下减少。鸡患病或处于逆境时，一般在采食量减少前 1~2 天饮水量就已减少。

2. 蛋鸡的生产特点

蛋鸡的驯养历史在 3 000 年以上。近 100 年内，由于不断选种选育和生活条件的改善，其生产能力大大提高，同时现代蛋鸡的一些鸟类固有的生物学特性（如就巢性）已经退化。

蛋鸡生产具有周期性和持续性 蛋鸡的生产周期一般为 1.5 年，包括半年左右的育雏、育成期和 1 年左右的产蛋期。在进入产蛋期后，蛋重逐渐增加，产蛋量由低到高，再逐渐降低。当鸡群每日获得的产蛋收入低于每日的生产成本时（约产蛋1年），需及时淘汰原有鸡群。这种不断更新产蛋鸡的过程，使蛋鸡生产呈现出周期性变化。由于蛋鸡的产蛋期长达1年，其生产的持续性使养鸡场全年各个时期都可以获利。

实行配套系生产 通过培育蛋鸡高产专门化品系，进行不同品系间配套杂交，充分利用杂种优势，获得较高的生产性能，每只入舍鸡每年可产蛋17千克以上，耗料比降到2.5以下。

分阶段饲养① 分阶段饲养可保证蛋鸡的良好发育和生产性能的发挥。根据蛋鸡的营养需要和设备工艺的要求，蛋鸡生产通常分为三个阶段②（育雏、育成和产蛋）进行饲养，在不同阶段提供不同的营养、不同的管理和饲喂方法。

①根据鸡群的生理阶段和周龄，将蛋鸡生长分为若干阶段，饲喂以不同水平蛋白质、能量的饲粮，既可满足蛋鸡营养需要，又可节省饲料。

②鸡的饲养标准（GB1986）将生长鸡划分为三个阶段，0~6周龄、7~14周龄和15~20周龄。中国鸡饲养标准（2004版）也建议划分为三阶段，但范围做了较大调整，即0~8周龄、9~18周龄和18周龄至开产。18周龄至开产也叫产蛋预备期。

3. 蛋鸡不同阶段的生理特点及营养需要

雏鸡的生理特点及营养需要

（1）生理特点

◆ 生长迅速，代谢旺盛：雏鸡2周龄体重约为初生重的2倍多，6周龄为10倍，8周龄为15倍多。前期生长快，以后随日龄增长而逐渐减慢。

◆ 羽毛生长快：幼雏的羽毛生长特别快。在3周龄时羽毛为体重的4%，四周龄时增加到7%，以后基本保持不变。羽毛中蛋白质含量为80%～82%，为肉、蛋的4～5倍。

◆ 胃容积小，消化能力弱：幼雏消化系统发育不健全，胃容积小，进食量有限；同时消化道内缺少某些消化酶，肌胃研磨饲料的能力低、消化力差。

(2) 营养需要特点　雏鸡生长快，对日粮蛋白质含量要求较高，需要提供足够的蛋白质、氨基酸（特别是含硫氨基酸）、矿物质和维生素，所喂饲料应纤维含量低、易消化，否则产生的热量不能维持鸡只快速生长的生理需要。

◆ 能量：幼雏日粮中应保证含有规定量的能量。由于鸡能按其能量需要调整采食量，所以，可用同一种日粮饲喂一群大小、发育程度相仿的鸡。在最初 5 周内幼雏料每千克应含代谢能 12.12 千焦，让其自由采食。平养鸡比笼养鸡活动多，能量需要更多些。

◆ 蛋白质：幼雏蛋白质需要量取决于其对适宜比例的氨基酸的需要量。因此，日粮中不仅要有足够的蛋白质，而且必须是优质蛋白质。

◆ 矿物质和维生素：雏鸡日粮中应考虑添加的微量元素有铁、铜、锌、锰、碘、硒。一般饲料中或多或少都含有这些元素，但由于不同饲料的利用率差异很大，所以需要补充某些元素。如铁，一般按需要量的 50%添加，其他元素按需要量在预混料中添加，饲料中无论含量多少，只作为安全量处理。饲料中钾、镁含量一般可满足雏鸡的需要，生产中很少发生缺乏症，一般不考虑补加。雏鸡日粮中需要添加 13 种维生素。脂溶性维生素在鸡的整个生长阶段需要量均一样；B 族维生素初期需要量高，后期需要量越来越少。

表 3-3　雏鸡的主要营养需要

营养成分	需要量
粗蛋白	19%
代谢能	11.9 兆焦/千克
蛋白能量比	15.95：1
粗纤维	3%～5%
粗脂肪	2.5%

（续）

营养成分	需要量
钙	0.9%
总磷	0.7%
非植酸磷	0.4%
蛋氨酸	0.37%
赖氨酸	1.00%

①育成鸡的培育目标是为产蛋做好身体准备，此阶段要尽快促进身体发育，同时延缓性激素分泌，为获得高产蛋率奠定基础。

育成鸡[1]的生长发育特点及营养需要

(1) *生长发育特点* 雏鸡7~8周龄以后，已对外界有较强的适应能力，生长仍很迅速，发育也很旺盛，各种器官发育已趋于健全。此阶段是长骨骼、长肌肉最多的时期，羽毛经几次脱换后长出成羽，脂肪沉积随日龄增长而逐渐累积，育成中后期生殖系统开始发育直至性成熟。

(2) *营养需要特点* 育成期是鸡只发育的关键时期。此阶段的营养需要与幼雏阶段有很大不同。主要区别在于：育成鸡日粮中蛋白质含量必须比幼雏日粮大大减少，尽可能保持群体的均一性，为达到同步开产做好前期营养准备。

◆ 能量：应为每千克日粮11.29~11.91千焦代谢能，但在炎热季节，鸡采食量下降，不能摄入足够的饲料；在气候寒冷时，鸡采食太多，增重过快。需要注意鸡的采食量，根据鸡的采食量调节日粮中营养浓度。日粮粗纤维含量控制在5%，可以适当加大糠麸饲料的比例。

◆ 蛋白质[2]：育成期鸡日粮蛋白质的含量应随体重增加而减少，因为育成期小鸡每天蛋白质需要量相当恒定。如果日粮中蛋白质含量不减少，由于其采食量与日俱增，每天蛋白质摄入量就会增加。蛋白质摄入量超过需要量，对鸡并无好处，会增加鸡的饲养成本。同时，

②日粮蛋白质水平过高的饲料会加快鸡只性腺发育，造成早熟，导致骨骼不能充分发育，骨骼纤细，体型较小，开产时间提前，蛋重偏小，产蛋持续期短，总产蛋量少。因此，育成期鸡蛋白质水平需控制在14%~16%。

饲料中必须满足某些氨基酸的最低需要量。

◆维生素和微量元素参考育雏期的需要建议将育成期鸡分成两个阶段饲养，9~14 周龄为育成前期，粗蛋白质为 16%，代谢能 11.75 兆焦 / 千克；15~18 周龄为育成后期，日粮粗蛋白质为 14.5%，代谢能 11.40 兆焦 / 千克。这样可以使育成前期蛋鸡的器官发育良好，具备健壮的体格；育成后期可以控制性器官发育过快，使其达到标准体重。

表 3-4　9～18 周龄育成鸡的营养需要

营养成分	需要量
粗蛋白	15.5%
代谢能	11.7 兆焦/千克
蛋白能量比	13.25：1
粗纤维	5%
粗脂肪	2.3%
钙	0.8%
总磷	0.6%
非植酸磷	0.35%
蛋氨酸	0.27%
赖氨酸	0.68%

产蛋鸡[1]的生理及营养需要特点

(1) 产蛋鸡的生理特点　在开产前 1 个月，鸡每天的采食量几乎不变，直至开产前 4 天，每天采食量减少 20%，并且保持低采食水平至开始产蛋。鸡具有根据自身对能量的需求调节采食量的能力，在开产的最初 4 天里，采食量每天迅速增加，以后又中等程度增加，直到 4 周后，采食量增加极其缓慢，从开产前 2~3 周至开产后 1 周，其体重大约增加 340 ~ 350 克，其后体重增加特别缓慢。

(2) 不同产蛋阶段的营养特点

①产蛋初期：产蛋早期（开产后 2~3 个月）适当增

①NY/T 33-1986 标准将产蛋鸡划分为三个阶段：产蛋率 < 65%、产蛋率 65% ~80% 和产蛋率 > 80%。NY/T 33-2004 标准根据生产实践和实用性，建议分为两个阶段，即开产至产蛋率 > 85% 和产蛋率 < 85%。

加鸡只能量和蛋白质摄入量对尽快进入产蛋高峰至关重要。产蛋期前8~10周日粮应具有以下特征：喂粗粉料，含谷物量高；添加2.0%~2.5%脂肪，至少含有2.0%的亚油酸；日粮的代谢能不低于11.6兆焦/千克，含粗蛋白质18%，应含有足够数量的蛋氨酸+胱氨酸、赖氨酸、苏氨酸和色氨酸，最多含有3.5%的钙，且为粗颗粒钙。

②产蛋高峰期：鸡第26~28周龄进入产蛋高峰期直到第40周龄，产蛋率在90%以上，蛋重也从开产时的40克提高到56克以上，在这一阶段应特别注意提高日粮蛋白质、氨基酸（特别是蛋氨酸）、矿物质和维生素水平，尽量保持营养物质的平衡。

③产蛋后期：一般鸡41~60周龄产蛋高峰期结束。这一时期蛋鸡已经成熟，用于自身生长的营养需要很少，产蛋率下降，蛋重有所增加，采食量固定，随着蛋鸡的周龄增加，养分摄入过剩，体重增加，饲料利用率下降。此阶段饲养目标是使产蛋率缓慢和平稳地下降。通过调节日粮中蛋白质和蛋氨酸水平可以有效控制蛋重。产蛋开始下降的3~4周内，日粮中蛋白质的含量最多可降低0.5%。

(3) *产蛋鸡的营养需要*　我国饲养标准按鸡产蛋水平将蛋鸡饲养分为三个阶段，各阶段能量水平基本相同，而粗蛋白和钙的水平则随产蛋量的增加而增加。

◆ 能量：产蛋鸡日粮中应含代谢能11.95兆焦/千克。产蛋鸡的能量需要随体重、环境温度、产蛋率的变化而变化。环境温度对能量进食量的影响较大，寒冷时日粮能量水平不应低于11.5兆焦/千克。在高温环境下，饲料中添加油脂[①]可使产蛋量增加，温度越高效果越明显，而且产蛋率也有所提高。

◆ 蛋白质：日粮中氨基酸构成越接近产蛋鸡的需要量，蛋白质的利用率就越高。产蛋初期，大约每天

①添加油脂可以提高蛋重和产蛋率的原因：一是油脂与饲料中脂肪协同作用，提高了脂肪的吸收率；二是代替碳水化合物提供热量，使日粮的代谢能增加，非脂质成分的利用率提高；三是油脂热能损失少，代谢能向净能转化的效率提高；四是应激状态下，可保证代谢能的摄入量，提供充足的必需脂肪酸。

需要19 克粗蛋白，其中包括 410 毫克蛋氨酸和 820 毫克赖氨酸，才能维持鸡正常生长发育和产蛋的需要。开产前，鸡日粮蛋白质需要为 13%，但当产蛋达高峰时，蛋白质需要量高达 17%～19%；产蛋后期日粮蛋白质需要又降至 14%。调整日粮中蛋白质含量可改变蛋的大小。

◆ 维生素：产蛋鸡脂溶性维生素需要量比生长鸡多 1.5～2.5 倍。B 族维生素需要量与生长鸡差不多。

◆ 矿物质：产蛋鸡最易缺乏的是钙、磷，产蛋鸡的需钙量比生长鸡高 3～4 倍，增加的钙量完全用于蛋壳生长。产蛋鸡饲料中含钙量一般为 3%多一点。过多会抑制食欲，影响磷、铁、铜、钴、镁、锌等矿物质的吸收。但缺钙易出现软骨症、软壳蛋和砂皮蛋。

蛋鸡开产前 2 周内，大量钙沉积于长骨中，因此可在预期开产日前 10 天增加钙摄入量。产蛋鸡磷的摄入量甚低，和生长鸡差不多。总磷太多或太少会影响蛋壳的正常钙化，使蛋壳质量差、强度低，增加入舍母鸡死亡率。推荐日粮中总磷 0.5%，其中 0.1%～0.2%为无机磷。

表 3-5　产蛋鸡的营养需要

营养成分项目	需要量	
	开产至产蛋高峰期（产蛋率>85%）	高峰期过后（产蛋率<85%）
粗蛋白（%）	16.5	15.5
代谢能（兆焦/千克）	11.29	10.87
蛋白能量比（克/兆焦）	14.61∶1	14.26∶1
钙（%）	3.5	3.5
总磷（%）	0.6	0.6
非植酸磷（%）	0.32	0.35
蛋氨酸（%）	0.34	0.32
赖氨酸（%）	0.75	0.70

4. 常见的蛋鸡饲养标准

我国的蛋鸡饲养标准 我国于2004年颁布了农业行业标准——鸡饲养标准（NY/T 33—2004），其中蛋用鸡营养需要适用于轻型和中型蛋鸡。生长蛋鸡、产蛋鸡的营养需要见表3-6和表3-7，生长蛋鸡体重与耗料量见表3-8。

表3-6 生长期蛋鸡营养需要

营养指标＼周龄	0～8周龄	9～18周龄	19周龄至开产
代谢能（兆焦/千克）	11.91	11.70	11.50
粗蛋白（%）	19	15.5	17.0
蛋白能量比（克/兆焦）	19.95	13.25	14.78
赖氨酸能量比（克/兆焦）	0.84	0.58	0.61
赖氨酸（%）	1.00	0.68	0.70
蛋氨酸（%）	0.37	0.27	0.34
赖氨酸+胱氨酸（%）	0.74	0.55	0.64
苏氨酸（%）	0.66	0.55	0.62
色氨酸（%）	0.20	0.18	0.19
精氨酸（%）	1.18	0.98	1.02
亮氨酸（%）	1.27	1.01	1.07
异亮氨酸（%）	0.71	0.59	0.60
苯丙氨酸（%）	0.64	0.53	0.54
苯丙氨酸+酪氨酸（%）	1.18	0.98	1.00
组氨酸（%）	0.31	0.26	0.27
脯氨酸（%）	0.50	0.34	0.44
缬氨酸（%）	0.73	0.60	0.62
甘氨酸+丝氨酸（%）	0.82	0.68	0.71
钙（%）	0.90	0.80	2.00
总磷（%）	0.70	0.60	0.55
非植酸磷（%）	0.40	0.35	0.32
钠（%）	0.15	0.15	0.15
氯（%）	0.15	0.15	0.15
铁（毫克/千克）	80	60	60
铜（毫克/千克）	8	6	8
锌（毫克/千克）	60	40	80

（续）

营养指标＼周龄	0～8周龄	9～18周龄	19周龄至开产
锰（毫克/千克）	60	40	60
碘（毫克/千克）	0.35	0.35	0.35
硒（毫克/千克）	0.30	0.30	0.30
亚油酸（%）	1	1	1
维生素A（国际单位/千克）	4 000	4 000	4 000
维生素D（国际单位/千克）	800	800	800
维生素E（国际单位/千克）	10	8	8
维生素K（毫克/千克）	0.5	0.5	0.5
维生素B_1（毫克/千克）	1.8	1.3	1.3
维生素B_2（毫克/千克）	3.6	1.8	2.2
泛酸（毫克/千克）	10	10	10
烟酸（毫克/千克）	30	11	11
吡哆醇（毫克/千克）	3	3	3
生物素（毫克/千克）	0.15	0.10	0.10
叶酸（毫克/千克）	0.55	0.25	0.25
维生素B_{12}（毫克/千克）	0.010	0.003	0.004
胆碱（毫克/千克）	1 300	900	500

注：根据中型体重鸡制定，轻型鸡可酌减10%；开产日龄按5%产蛋计算。

表3-7　产蛋鸡的营养需要

营养指标＼时期	开产至高峰（＞85%）	高峰后（＜85%）	种　鸡
代谢能（兆焦/千克）	11.29	10.87	11.29
粗蛋白（%）	16.5	15.5	18.0
蛋白能量比（克/兆焦）	14.61	14.26	15.94
赖氨酸能量比（克/兆焦）	0.64	0.61	0.63
赖氨酸（%）	0.75	0.70	0.75
蛋氨酸（%）	0.34	0.32	0.34
赖氨酸+胱氨酸（%）	0.65	0.56	0.65
苏氨酸（%）	0.55	0.50	0.55
色氨酸（%）	0.16	0.15	0.16
精氨酸（%）	0.76	0.69	0.76
亮氨酸（%）	1.02	0.98	1.02
异亮氨酸（%）	0.72	0.66	0.72

（续）

营养指标 \ 时期	开产至高峰（>85%）	高峰后（<85%）	种　鸡
苯丙氨酸（%）	0.58	0.52	0.58
苯丙氨酸＋酪氨酸（%）	1.08	1.06	1.08
组氨酸（%）	0.25	0.23	0.25
缬氨酸（%）	0.59	0.54	0.59
甘氨酸＋丝氨酸（%）	0.57	0.48	0.57
可利用赖氨酸（%）	0.66	0.60	—
可利用蛋氨酸（%）	0.32	0.30	—
钙（%）	3.5	3.5	3.5
总磷（%）	0.60	0.60	0.60
非植酸磷（%）	0.32	0.32	0.32
钠（%）	0.15	0.15	0.15
氯（%）	0.15	0.15	0.15
铁（毫克/千克）	60	60	60
铜（毫克/千克）	8	8	6
锌（毫克/千克）	60	60	60
锰（毫克/千克）	80	80	60
碘（毫克/千克）	0.35	0.35	0.35
硒（毫克/千克）	0.30	0.30	0.30
亚油酸（%）	1.0	1.0	1.5
维生素 A（国际单位/千克）	8 000	8 000	10 000
维生素 D（国际单位/千克）	1 600	1 600	2 000
维生素 E（国际单位/千克）	5	5	10
维生素 K（毫克/千克）	0.5	0.5	1.0
维生素 B_1（毫克/千克）	0.8	0.8	0.8
维生素 B_2（毫克/千克）	2.5	2.5	3.8
泛酸（毫克/千克）	2.2	2.2	10
烟酸（毫克/千克）	20	20	30
吡哆醇（毫克/千克）	3.0	3.0	4.5
生物素（毫克/千克）	0.10	0.10	0.15
叶酸（毫克/千克）	0.25	0.25	0.35
维生素 B_{12}（毫克/千克）	0.004	0.004	0.004
胆碱（毫克/千克）	500	500	500

表 3-8　生长蛋鸡体重与耗料量

周龄	周末体重（克/只）	耗料量（克/只）	累计耗料量（克/只）
1	70	84	84
2	130	119	203
3	200	154	357
4	275	189	546
5	360	224	770
6	445	259	1 029
7	530	294	1 323
8	615	329	1 652
9	700	357	2 009
10	785	385	2 394
11	875	413	2 807
12	965	441	3 248
13	1 055	469	3 717
14	1 145	497	4 214
15	1 235	525	4 739
16	1 325	546	5 285
17	1 415	567	5 852
18	1 505	588	6 440
19	1 595	609	7 049
20	1 670	630	7 679

注：0～8 周龄为自由采食，9 周龄开始结合光照进行限饲。

美国 NRC 建议的蛋鸡饲养标准

美国 NRC（1994）建议的未成年来航蛋用鸡和产蛋母鸡的营养成分需要量见表 3-9 和表 3-10，根据体重、产蛋率估计母鸡代谢能需要量见表 3-11，未成年来航蛋用鸡体重目标和耗料量见表 3-12。

表 3-9　美国 NRC 建议的未成年来航蛋用鸡的营养成分需要量

营养成分	白壳蛋品系列				褐壳蛋品系列			
	0～6 周龄	6～12 周龄	12～18 周龄	18 周龄至开产	0～6 周龄	6～12 周龄	12～18 周龄	18 周龄至开产
代谢能（兆焦/千克）	11.92	11.92	12.13	12.13	11.72	11.72	11.92	11.92
蛋白质和氨基酸								
粗蛋白（%）	18.00	16.00	15.00	17.00	17.00	15.00	14.00	16.00

（续）

营养成分	白壳蛋品系列				褐壳蛋品系列			
	0～6周龄	6～12周龄	12～18周龄	18周龄至开产	0～6周龄	6～12周龄	12～18周龄	18周龄至开产
精氨酸（%）	1.00	0.83	0.67	0.75	0.94	0.78	0.62	0.72
甘氨酸+丝氨酸（%）	0.70	0.58	0.47	0.53	0.66	0.54	0.44	0.50
组氨酸（%）	0.26	0.22	0.17	0.20	0.25	0.21	0.16	0.18
异亮氨酸（%）	1.60	0.50	0.40	0.45	0.57	0.47	0.37	0.42
亮氨酸（%）	1.10	0.85	0.70	0.80	1.00	0.80	0.65	0.75
赖氨酸（%）	0.85	0.60	0.45	0.52	0.80	0.56	0.42	0.49
蛋氨酸（%）	0.30	0.25	0.20	0.22	0.28	0.23	0.19	0.21
蛋氨酸+胱氨酸（%）	0.62	0.52	0.42	0.47	0.59	0.49	0.39	0.44
苯丙氨酸（%）	0.54	0.45	0.36	0.40	0.51	0.42	0.34	0.38
苯丙氨酸+酪氨酸（%）	1.00	0.83	0.67	0.75	0.94	0.78	0.63	0.70
苏氨酸（%）	0.68	0.57	0.37	0.47	0.64	0.53	0.35	0.44
色氨酸（%）	0.17	0.14	0.11	0.12	0.16	0.13	0.10	0.11
缬氨酸（%）	0.62	0.52	0.41	0.46	0.59	0.49	0.38	0.43
脂肪								
亚油酸（%）	1.00	1.00	1.00	1.00	1.00	1.00	1.00	1.00
常量元素								
钙（%）	0.90	0.80	0.80	2.00	0.90	0.80	0.80	0.82
非植酸磷（%）	0.40	0.30	0.30	0.32	0.40	0.35	0.30	0.35
钾（%）	0.25	0.25	0.25	0.25	0.25	0.25	0.25	0.25
钠（%）	0.15	0.15	0.15	0.15	0.15	0.15	0.15	0.15
氯（%）	0.15	0.12	0.12	0.15	0.12	0.11	0.11	0.11
镁（毫克/千克）	600.0	500.0	400.0	400.0	570.0	470.0	370.0	370.0
微量元素								
锰（毫克/千克）	60.0	30.0	30.0	30.0	56.0	28.0	28.0	28.0
锌（毫克/千克）	40.0	35.0	35.0	35.0	38.0	33.0	33.0	33.0
铁（毫克/千克）	80.0	60.0	60.0	60.0	75.0	56.0	56.0	56.0
铜（毫克/千克）	5.00	4.00	4.00	4.00	5.00	4.00	4.00	4.00
碘（毫克/千克）	0.35	0.35	0.35	0.35	0.33	0.33	0.33	0.33
硒（毫克/千克）	0.15	0.10	0.10	0.10	0.14	0.10	0.10	0.10
脂溶性维生素								
维生素A（国际单位/千克）	500.0	1 500.0	1 500.0	1 500.0	1 420.0	1 420.0	1 420.0	1 420.0

（续）

营养成分	白壳蛋品系列				褐壳蛋品系列			
	0～6周龄	6～12周龄	12～18周龄	18周龄至开产	0～6周龄	6～12周龄	12～18周龄	18周龄至开产
维生素 D_3（国际单位/千克）	200.0	300.0	200.0	300.0	190.0	190.0	190.0	280.0
维生素 E（国际单位/千克）	10.0	5.0	5.0	5.0	9.5	4.7	4.7	4.7
维生素 K（毫克/千克）	0.5	0.5	0.5	0.5	0.47	0.47	0.47	0.47
水溶性维生素								
核黄素（毫克/千克）	3.6	2.2	1.8	2.2	3.4	1.7	1.7	1.7
泛酸（毫克/千克）	10.0	10.0	10.0	10.0	9.4	9.4	9.4	9.4
尼克酸（毫克/千克）	27.0	11.0	11.0	11.0	26.0	10.3	10.3	10.3
维生素 B_{12}（毫克/千克）	0.009	0.003	0.003	0.004	0.009	0.003	0.003	0.003
胆碱（毫克/千克）	1 300.0	900.0	500.0	500.0	1 225.0	850.0	470.0	470.0
生物素（毫克/千克）	0.15	0.10	0.10	0.10	0.14	0.09	0.09	0.09
叶酸（毫克/千克）	0.55	0.25	0.25	0.25	0.52	0.23	0.23	0.23
硫胺素（毫克/千克）	1.0	1.0	0.8	0.8	1.0	1.0	0.8	0.8
吡哆醇（毫克/千克）	3.0	3.0	3.0	3.0	2.8	2.8	2.8	2.8
目标体重（克）	450	980	1 375	1 475	500	1 100	500	1 600

注：a. 鸡本身不需要粗蛋白质，但必须保证足够的粗蛋白用于非必需氨基酸的合成。建议值是根据玉米豆粕日粮确定的，使用合成氨基酸时日粮中粗蛋白水平可降低。

b. 当日粮中含有大量非植酸磷时，钙的需要量应提高。

表 3-10　美国 NRC 建议的来航型产蛋母鸡的营养需要

（日粮中干物质 90%）

营养成分	白壳蛋品系不同采食量时日粮中养分需要量			每日采食 100 克饲料时养分需要量（毫克或单位）		
	80 克	100 克	120 克	白壳蛋种母鸡	白壳蛋商品鸡	褐壳蛋种母鸡
代谢能（兆焦/千克）	12.13	12.13	12.13	12.13	12.13	12.3
蛋白质和氨基酸						
粗蛋白（%）	18.8	15.0	12.5	15 000	5 000	16 500
精氨酸（%）	0.88	0.70	0.58	700	700	770
组氨酸（%）	0.21	0.17	0.14	170	170	190
异亮氨酸（%）	0.81	0.65	0.54	650	650	715
亮氨酸（%）	1.03	0.82	0.68	820	820	900
赖氨酸（%）	0.86	0.69	0.58	690	690	760

（续）

营养成分	白壳蛋品系不同采食量时日粮中养分需要量			每日采食 100 克饲料时养分需要量（毫克或单位）		
	80 克	100 克	120 克	白壳蛋种母鸡	白壳蛋商品鸡	褐壳蛋种母鸡
蛋氨酸（%）	0.38	0.30	0.25	300	300	330
蛋氨酸+胱氨酸（%）	0.73	0.58	0.48	580	580	645
苯丙氨酸（%）	0.59	0.47	0.39	470	470	520
苯丙氨酸+酪氨酸（%）	1.04	0.83	0.69	830	830	910
苏氨酸（%）	0.59	0.47	0.39	470	470	520
色氨酸（%）	0.20	0.16	0.13	160	160	175
缬氨酸（%）	0.88	0.70	0.58	700	700	770
脂肪						
亚油酸（%）	1.25	1.0	0.83	1 000	1 000	1 100
常量元素						
钙（%）	4.06	3.25	2.71	3 250	3 250	3 600
氯（%）	0.16	0.13	0.11	130	130	145
非植酸磷（%）	0.31	0.25	0.21	250	250	75
钠（%）	0.19	0.15	0.13	150	150	165
钾（%）	0.19	0.15	0.13	150	150	165
镁（毫克/千克）	625	500	420	50	50	45
微量元素						
铜（毫克/千克）	—	—	—	—	—	—
碘（毫克/千克）	0.044	0.035	0.029	0.010	0.004	0.004
铁（毫克/千克）	56	45	38	6.0	4.5	5.0
锰（毫克/千克）	25	20	17	2.0	2.0	2.2
硒（毫克/千克）	0.08	0.06	0.05	0.006	0.006	0.006
锌（毫克/千克）	44	35	29	4.5	3.5	3.9
脂溶性维生素						
维生素 A（国际单位/千克）	3 750	3 000	2 500	300	300	330
维生素 D_3（国际单位/千克）	375	300	250	30	30	33
维生素 E（国际单位/千克）	6	5	4	1.0	0.5	0.55
维生素 K（毫克/千克）	0.6	0.5	0.4	0.1	0.05	0.055
水溶性维生素						
维生素 B_{12}（毫克/千克）	0.004	0.004	0.004	0.008	0.004	0.004

（续）

营养成分	白壳蛋品系不同采食量时日粮中养分需要量			每日采食100克饲料时养分需要量（毫克或单位）		
	80克	100克	120克	白壳蛋种母鸡	白壳蛋商品鸡	褐壳蛋种母鸡
生物素（毫克/千克）	0.13	0.10	0.08	0.01	0.01	0.011
胆碱（毫克/千克）	1 310	1 050	875	105	105	115
叶酸（毫克/千克）	0.31	0.25	0.21	0.035	0.025	0.028
尼克酸（毫克/千克）	12.5	10.0	8.3	1.0	1.0	1.1
泛酸（毫克/千克）	2.5	2.0	1.7	0.7	0.20	0.22
吡哆醇（毫克/千克）	3.1	2.5	2.1	0.45	0.25	0.28
核黄素（毫克/千克）	3.1	2.5	2.1	0.45	0.25	0.28
硫胺素（毫克/千克）	0.88	0.70	0.60	0.07	0.07	0.08
产蛋率（%）	90	90	90	90	90	90

表3-11　美国NRC建议的根据体重、产蛋率估计母鸡代谢能需要（兆焦）

体重（千克）＼产蛋率	0	50%	60%	70%	80%	90%
1.0	0.54	0.80	0.86	0.91	0.96	1.01
1.5	0.74	1.00	1.05	1.1	1.15	1.21
2.0	0.91	1.17	1.22	1.28	1.33	1.38
2.5	1.08	1.34	1.39	1.45	1.50	1.55
3.0	1.24	1.50	1.55	1.60	1.65	1.71

表3-12　美国NRC建议的未成年来航蛋用鸡体重目标和耗料量

周龄	白壳蛋品系		褐壳蛋品系	
	体重*（克）	耗料量（克/周）	体重（克）	耗料量（克/周）
0	35	50	37	70
2	100	140	120	160
4	260	260	320	280
6	450	340	500	350
8	660	360	750	380
10	750	380	900	400
12	980	800	1 100	420

（续）

周龄	白壳蛋品系		褐壳蛋品系	
	体重*（克）	耗料量（克/周）	体重（克）	耗料量（克/周）
14	1 100	420	1 240	460
16	1 220	430	1 380	480
18	1 375	450	1 500	500
20	1 450	500	1 600	550

* 自由采食时的平均遗传潜力。不同品系的生长速度和成熟体重可能不同。

四、蛋鸡饲料的配制

目标

- 了解蛋鸡常用饲料原料及其营养价值
- 掌握蛋鸡饲料配方的设计方法
- 了解几个参考的饲料配方
- 了解饲料加工生产设备
- 了解蛋鸡配合饲料的加工工艺
- 熟悉蛋鸡配合饲料的质量标准

1. 蛋鸡常用饲料原料及其营养价值

饲料①种类繁多，养分组成和营养价值各异，为了合理地利用饲料，对饲料进行适当的分类很有必要。通常根据饲料营养价值和来源进行分类。我国参照哈里士提出的以饲料干物质的主要营养特性为基础的国际分类法，把饲料分为青干草和粗饲料、青饲料、青贮饲料、能量饲料、蛋白质饲料、矿物质饲料、维生素饲料、添加剂8大类，16个亚类。蛋鸡常用的饲料原料主要是能量饲料、蛋白质饲料、矿物质饲料和维生素饲料四大类。

能量饲料

能量饲料②是用量最多的一种饲料，占日粮总量的50%~80%，其主要功能是供给畜禽能量，包括禾谷类籽实、糠麸类及块根块茎类饲料，能量饲料中含有丰富的淀粉，而粗蛋白质含量较少，仅为8.3%~13.5%。

①饲料是指在合理条件下对动物提供营养物质、调控生理机能、改善动物产品品质、且对动物不发生有毒有害作用的物质。即提供给动物的一切可食物质。来源包括：植物性、动物性、矿物质、人工合成品等。

②能量饲料是指干物质中粗纤维含量 <18%，粗蛋白质含量 <20%的饲料，包括谷类籽实、糠麸类、块根块茎类等。

◆ 禾谷类饲料的共性　这些饲料基本上都属于禾本科植物成熟的种子。

表 4-1　常用谷类籽实的结构组成　单位：%

种类	玉米	小麦	大麦	高粱	燕麦
外壳			13.0		25.0
种皮	6.5	8.2	2.9		
糊粉层	2.2	6.7	4.8	8.0	9.0
胚乳	79.6	81.5	76.2	82.0	63.0
胚芽	11.7	3.6	3.0	10.0	2.8

◆ 营养特点：

➡ 无氮浸出物①含量高：一般占干物质的 70%~80%，主要是淀粉，约占无氮浸出物的 82%~90%，占干物质的 50%~60%以上，是这类饲料中最有饲用价值的部分。利用淀粉的不同特点采取不同的加工方法，可获得不同的饲用效果。

➡ 蛋白质含量低，品质差：蛋白质含量平均在 10%左右（7%~13%），但蛋白质品质差，生物学价值只有 50%~70%，且品质优良的清蛋白和球蛋白含量少，而品质较差的谷蛋白和醇溶蛋白②的含量高（80%~90%），第一限制性氨基酸几乎都是赖氨酸。因此难以满足畜禽对蛋白质的需要，该类饲料在全价配合饲料中占有很

①非常复杂的一类物质，包括淀粉、可溶性单糖、双糖、部分果胶。在籽实饲料中，无氮浸出物以淀粉为主。

②又称醇溶谷蛋白。植物种子储存蛋白的组分之一。不溶于水，可溶于 50%～90%乙醇。

表 4-2　常见谷物的限制性氨基酸

种类	第一限制性氨基酸[a]	临界缺乏的氨基酸[b]	化学比分[c]
燕麦	赖氨酸　苏氨酸	色氨酸　异亮氨酸	57
大麦	异亮氨酸	异亮氨酸　亮氨酸	54
稻谷	赖氨酸　苏氨酸	异亮氨酸　亮氨酸　苏氨酸	57
高粱	赖氨酸　苏氨酸	蛋氨酸　胱氨酸	31
小麦	赖氨酸　苏氨酸　异亮氨酸	缬氨酸　亮氨酸	42
玉米	赖氨酸　苏氨酸	色氨酸　缬氨酸　异亮氨酸	41

注：a 指饲料中氨基酸只能供给需要的 90%以下；b 指饲料中氨基酸只能供给需要量的 90%～100%；c 以氨基酸作为标准。

大的比例。

➡ 粗纤维含量低、矿物质和维生素不平衡：粗纤维平均为2%~6%，因而消化利用率高；缺钙，含磷高，但主要是植酸磷，利用率低；一般维生素E、维生素 B_1 较丰富，维生素D和维生素A较缺乏。

图4-1　玉　米

(1) 玉米

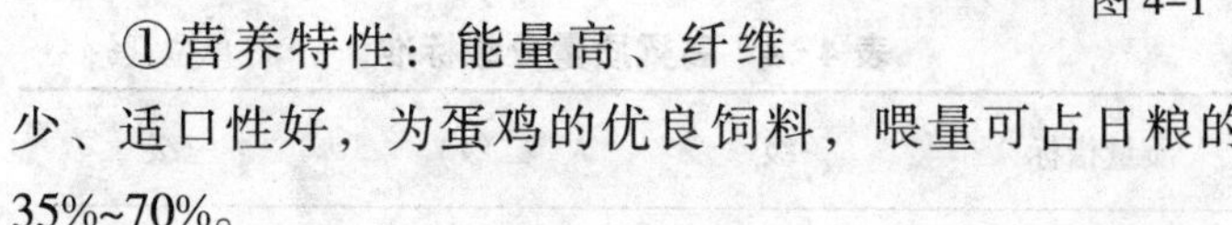

①营养特性：能量高、纤维少、适口性好，为蛋鸡的优良饲料，喂量可占日粮的35%~70%。

②质量要求：籽粒整齐、均匀，脐色鲜亮，外观呈黄色或白色，无发霉、变质、结块及异味。杂质总量不超过1%（杂质包括筛下物、矿物质及其他无饲用价值的颗粒）。

表4-3　玉米质量分级标准　　单位：%

质量指标	一级	二级	三级
粗蛋白质	≥9.0	≥8.0	≥7.0
粗纤维	<1.5	<2.0	<2.5
粗灰分	<2.3	<2.6	<3.0

注：分级标准为国家标准；水分含量一般地区为14%，东北、内蒙古、新疆地区不超过18%。

(2) 高粱

图4-2　高　粱

①营养特性：高粱在饲料中的用量只能占到10%，但低单宁[①]高粱可以用到70%。单宁对饲料适口性、养分消化利用率均有明显影响，在鸡日粮中添加0.5%单宁即可降低适口性，使鸡生长受阻；添加量达到5.0%时，雏鸡7~11日龄的死亡率达70%，饲料蛋白质和氨基酸利用率下降，血液胆固醇增多。饲喂高单宁高粱还会引起雏鸡关节肿胀，发生胫骨粗短症。

②质量要求：感官要求籽粒整齐，色泽新鲜一致，无发霉、变质、结块及异味、异臭。

表4-4 高粱质量分级标准 单位：%

质量指标	一级	二级	三级
粗蛋白质	≥9.0	≥7.0	≥6.0
粗纤维	<2.0	<2.0	<3.0
粗灰分	<2.0	<2.0	<3.0

(3) 小麦麸和次粉[②] 小麦精制过程中可得到23%~25%的小麦麸，3%~5%的次粉和0.7%~1%的胚芽。由于小麦加工工艺不同，制粉程度、出麸率亦不同，小麦麸和次粉的实际产出有差别。

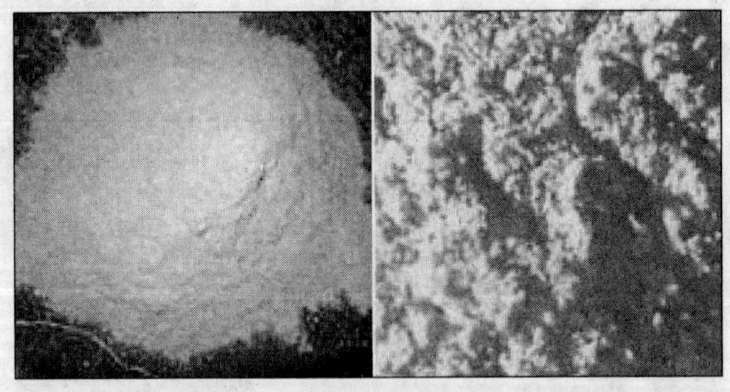

图4-3 小麦麸和次粉

由于蛋鸡日粮营养成分要求较高，小麦麸和次粉的用量不宜太大，雏鸡和产蛋鸡日粮中麦麸和次粉的用量

①单宁是多酚中高度聚合的化合物，它们能与蛋白质和消化酶形成难溶于水的复合物，影响饲料的吸收消化。可分为水解单宁和缩合单宁，两者常共存。

②小麦麸和次粉的区别如下：

颜色：小麦麸颜色由白色、淡褐色直至红褐色，取决于小麦品种，白麸来自白麦，红麸来自红麦，混合麸来自红麦和白麦等混合麦。次粉的颜色从灰白色到淡褐色，取决于麸皮占的比例。颜色深者含麸皮较多。

容重：小麦麸的容重较次粉轻，小麦麸为0.32~0.39千克/升，次粉容重为0.29~0.54千克/升。颜色愈深的次粉，容重越小。

为 5%~8%，生长鸡用量为 15%~25%。

①营养特性：国产麦麸和次粉的蛋白质含量均较高，二者相差不大，麦麸的粗纤维和粗灰分含量均高于次粉，因此，次粉的有效能值远高于麦麸，但不同来源的次粉差异较大。

②质量要求：小麦麸的感官要求为细碎屑或片状，色泽新鲜一致，无发霉、变质、结块及异味、异臭。水分不超过 13%。

表 4-5　小麦麸质量分级标准

质量指标	一级	二级	三级
粗蛋白质（%）	≥15.0	≥13.0	≥11.0
粗纤维（%）	<9.0	<10.0	<11.0
粗灰分（%）	<6.0	<6.0	<6.0

表 4-6　次粉质量分级标准

质量指标	一级	二级	三级
粗蛋白质（%）	≥14	≥12	≥10
粗纤维（%）	<3.5	<5.5	<7.5
粗灰分（%）	<2.0	<3.0	<4.0

蛋白质饲料

蛋白质饲料①可分为植物性蛋白质饲料、动物性蛋白质饲料、单细胞蛋白质饲料和非蛋白氮饲料。

植物性蛋白质饲料是蛋鸡生产中使用量最多、最常用的蛋白质饲料，包括豆类籽实、饼粕类和其他植物性蛋白质饲料。该类饲料具有以下共同特点：

◆ 蛋白质含量高，且蛋白质质量较好。一般植物性蛋白质饲料粗蛋白质含量在 20%~50%之间，因种类不同差异较大。

◆ 粗脂肪含量变化大，油料籽实含量在 15%~30%以上，非油料籽实只有 1%左右。饼粕类饲料的脂肪含量因加工工艺不同差异较大，高的可达 10%，低的仅 1%

①干物质中粗纤维含量<18%，同时粗蛋白质含量≥20%的饲料。如鱼粉、肉骨粉、大豆、豆粕豆饼、氨基酸、饲用尿素等。

左右。

◆ 粗纤维含量一般不高，基本上与谷类籽实近似，饼粕类饲料稍高些。

◆ 矿物质中钙少、磷多，且主要是植酸磷。

◆ 维生素含量与谷实相似，B 族维生素较丰富，而维生素 A、维生素 D 较缺乏。

◆ 大多数含有一些抗营养因子，影响其饲喂价值。

动物性蛋白质饲料主要是指水产、畜禽加工及乳品业等产生的加工副产品。其主要营养特点是：蛋白质含量高（40%～85%），氨基酸组成比较平衡，并含有促进动物生长的动物性蛋白因子。碳水化合物含量低，不含粗纤维。粗灰分含量高，钙、磷含量丰富，比例适宜。维生素含量丰富（特别维生素 B_2 和维生素 B_{12}）。脂肪含量较高，虽然能值含量高，但脂肪易氧化酸败，不宜长时间贮藏。

(1) 大豆、豆饼、豆粕　豆饼、豆粕均系大豆榨油后的副产物，通常将大豆经压榨法或取油后的副产物称为豆饼；将浸提法或预压浸提法取油后的副产物称为豆粕。压榨法[①]的脱油效率低（15%），饼内常残留 4%以上的油脂，可利用能量高，但油脂易酸败。

①压榨法：压榨取油的过程，就是借助机械外力的作用使油脂从榨料中挤压出来的过程。这种过程主要是属于物理变化。但在压榨过程中，由于水分、温度等的影响，也会产生某些生物化学方面的变化，如蛋白质变性、酶的破坏和受到抑制等。

图 4-4　大豆（左）、豆粕（中）和豆饼（右）

①营养特性：大豆蛋白质含量高，主要是球蛋白（约 84.25%）和清蛋白（约 5.36%），品质优于谷类蛋白，必需氨基酸含量高，特别是赖氨酸含量高达 2%以上，但蛋氨酸含量相对较少，是大豆的第一限制性氨基酸。粗纤维含量不高，约 4%左右，比玉米高。脂肪含量高达 17%，属高能高蛋白饲料。大豆脂肪酸中 85%都是不饱和脂肪酸，亚油酸和亚麻酸含量较高，还含有一定量(约 1.8%~3.2%）的磷脂（卵磷脂、脑磷脂），具有乳化作用。

大豆中存在多种抗营养因子，对动物健康和生产性能有不利影响。如胰蛋白酶抑制因子，约占大豆蛋白的6%；大豆凝集素，不耐热，脱脂大豆中约含有3%；胃肠胀气因子，指大豆中的低碳糖——棉籽糖和水苏糖。

②质量要求：大豆饼、大豆粕感官要求豆饼为黄褐色饼状或片状，碎豆饼为不规则小块状；豆粕为浅黄褐色或淡黄色不规则碎片状。色泽新鲜一致，无发霉、变质、结块及异味。水分小于 13%，黄白或略带绿色为偏生，深红变褐色为过熟，其生熟度用脲酶活性[①]表示。

①大豆饼粕的脲酶活性要求以 0.02 ~0.4 为宜（未进行加热的生大豆为 2，加热过度后为 0）。

表 4-7 豆饼和豆粕的质量分级标

单位：%

质量指标	一级豆饼	一级豆粕	二级豆饼	二级豆粕	三级豆饼	三级豆粕
粗蛋白质	≥41	≥43	≥39	≥42	≥37	≥40
粗纤维	<5	<5	<6	<6	<7	<7
粗灰分	<6	<6	<7	<7	<8	<8
粗脂肪	<8		<8		<8	

(2) 棉子饼、棉子粕　棉子饼、棉子粕是棉子经脱壳取油后的副产物，因取油工艺不同而有不同的名称，棉子的榨油工艺由螺旋压榨法、预压浸出法、土榨法等。我国棉子饼、棉子粕的总产量仅次于豆饼，是非常重要的植物蛋白质饲料资源。目前，用作饲料的棉子饼、棉

图 4-5　棉籽饼

子粕仅有 40%，蛋鸡日粮中添加量为 3%~7%。

①营养特性：棉子饼、棉子粕的粗纤维含量主要取决于制油过程中棉子脱壳的程度，土榨法因棉子未去壳，粗纤维含量达 22.8%（有的高达 27%），已不再属于蛋白质饲料，而归为粗饲料，价值有限。棉子饼粕的蛋白质含量较高，但赖氨酸含量较低，为 1.3%~1.5%，只相当于豆饼、豆粕的 50%~60%；蛋氨酸含量只有 0.36%~0.38%，精氨酸却高达 3.67%~4.14%，赖氨酸：精氨酸为100：70 以上，远超出了二者的理想比值，容易产生颉颃作用。

②质量要求：感官要求棉子饼为小瓦片粗屑状或饼状，棉子粕为不规则的碎块。黄褐色，色泽新鲜一致，无霉变、虫蛀、结块，无异味、异臭。水分含量不得超过 12%，棉绒不超过 3%，棉子壳不超过 10%。

表 4-8　棉子饼、棉子粕质量分级标准　　单位：%

质量指标	一级		二级		三级	
	棉子饼	棉子粕	棉子饼	棉子粕	棉子饼	棉子粕
粗蛋白质	≥39	≥41	≥36	≥38	≥32	≥36
粗纤维	<12	<10	<14	<12	<16	<14
粗灰分	<7	<6	<8	<7	<8	<8

(3) 菜子饼、菜子粕　菜子饼和菜子粕均为油菜子榨油后的副产物。油菜是我国主要油料作物之一，分布很广，我国用于饲料的菜子饼、菜子粕约40%。

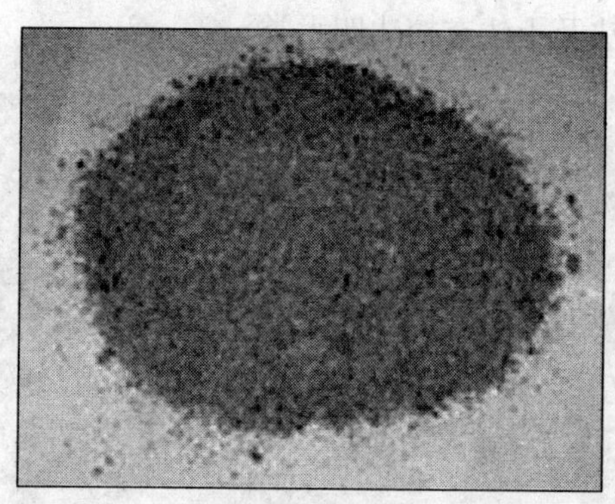

图4-6　菜子饼

①营养特性：菜子饼、菜子粕含有较高的蛋白质，达34%~38%，氨基酸组成较平衡，含硫氨基酸含量高，精氨酸与赖氨酸之间较为平衡，但赖氨酸含量低；粗纤维含量较高，影响其有效能值，磷高于钙，且大部分是植酸磷；铁含量比较丰富，蛋鸡日粮中添加量控制在5%。

②质量要求：感官要求菜子饼为片状或饼状，菜子粕为不规则块状或粉状，黄色、浅褐色或褐色，具有菜子油特有的芳香味，色泽新鲜一致，无发霉、变质、结块及异味、异臭，水分含量不超过10%。

表4-9　菜子饼、菜子粕质量分级标准　　单位：%

质量指标	一级		二级		三级	
	菜子饼	菜子粕	菜子饼	菜子粕	菜子饼	菜子粕
粗蛋白质	≥37	≥40	≥34	≥37	≥33	≥30
粗纤维	<14	<14	<14	<14	<14	<14
粗灰分	<12	<8	<12	<8	<12	<8
粗脂肪	<10		<10		<10	

(4) **花生饼、花生粕** 花生饼、花生粕是花生仁经脱油后的副产物，国内花生饼、花生粕的粗纤维一般为5.3%。常用的榨油工艺分为浸提法、液压螺旋压榨法、预压浸提法及土法夯榨法四大类。

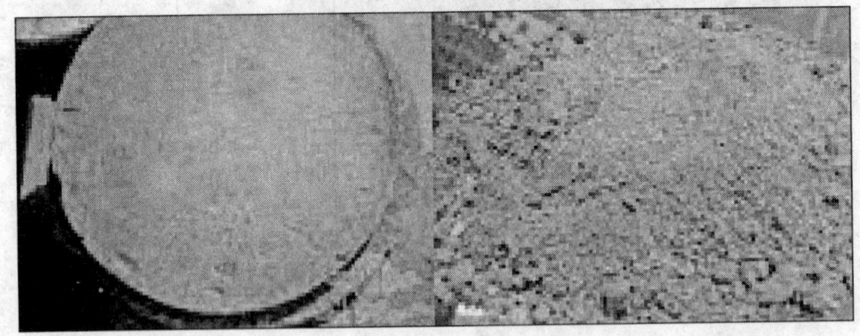

图 4–7 花生饼和花生粕

①营养特性：有效能值较高，比豆饼略高，蛋白质含量也高 3~5 个百分点，但以不溶于水的球蛋白为主，约占 65%，白蛋白仅占 7%，故蛋白质品质不佳。氨基酸组成亦不佳，赖氨酸和蛋氨酸均偏低，而精氨酸含量很高，赖氨酸比精氨酸达到 10：80 以上。粗脂肪含量一般为4%~6%，脂肪熔点低，脂肪酸以油酸为主，约占 53%~78%，容易发生酸败。铁含量较高。花生粕除粗脂肪含量低外，与花生饼的营养特性无实质差别。雏鸡最好不用，蛋鸡其他阶段用量控制在 10%以下。

②质量要求：感官要求花生饼为黄褐色的小瓦块

表 4-10 花生饼、花生粕质量分级标准 单位：%

质量指标	一级		二级		三级	
	花生饼	花生粕	花生饼	花生粕	花生饼	花生粕
粗蛋白质	≥46	≥50	≥40	≥45	≥36	≥40
粗纤维	<7	<7	<9	<9	<11	<11
粗灰分	<6	<6	<7	<7	<8	<8

状或圆扁块状，花生粕为黄褐色或浅褐色不规则碎屑状。色泽新鲜一致，无发霉、变质、结块及异味、异臭。花生饼、花生粕易感染黄曲霉，除非是新鲜货源，否则进库前应进行黄曲霉毒素的检验。水分含量不超过12%。

（5）鱼粉① 世界上鱼粉产量最多的国家是日本、智利、秘鲁等。我国鱼粉用量较大，多数依赖进口。

图4-8 进口鱼粉

①营养特性：鱼粉的营养价值因鱼种、加工方法和贮存条件不同而有较大差异，鱼粉含水量变异幅度大，由4%~15%不等，平均约10%，取决于加工中的干燥方法。鱼粉蛋白质品质好，氨基酸含量高、比例平衡，进口鱼粉赖氨酸含量可高达5%以上，国产鱼粉在3.0%~3.5%；鱼粉含粗脂肪5%~12%，一般在8%左右，高于12%会给使用带来困难，海产鱼的脂肪含大量不饱和脂肪酸；含钙5%~7%，磷2.5%~3.5%，磷主要以磷酸钙形式存在；食盐含量在3%~5%，高的可达7%，含盐过高时要限制鱼粉的用量；微量元素中铁的含量最高，可达1 500~2 000毫克/千克，其次是锌、硒，海产鱼的碘含量也很高；真空干燥的鱼粉含有较丰富的维生素A和维生素D。

②饲用价值：鱼粉蛋白质含量高。消化率高（达90%以上），新鲜鱼粉适口性好，因此饲用价值比其他蛋

①把制造鱼粉时产生的煮汁液浓缩加工，做成鱼汁，添加到普通鱼粉里，经干燥粉碎，所得鱼粉叫全鱼粉；以鱼下脚料为原料制得的鱼粉叫粗鱼粉。各种鱼粉中，全鱼粉质量最好，普通鱼粉次之，粗鱼粉最差。

白质饲料高，可提高蛋鸡产蛋量和蛋壳质量，但由于价格较高，用量受限。通常在雏鸡配合饲料中用量低于10%，成年蛋鸡不宜超过20%。

③质量要求：鱼粉外观呈淡黄色、棕褐色、红棕色、褐色或青褐色粗粉状，稍有鱼腥味，纯鱼粉口感有鱼肉松的香味，无酸败、氨臭、虫蛀、结块及霉变，水分含量不超过12%，挥发性氨态氮不超过0.3%。

表4-11 鱼粉质量分级标准 单位：%

质量指标	进口鱼粉	国产鱼粉		
		一级	二级	三级
粗蛋白质	≥63	≥55	≥50	≥45
粗脂肪	<10	<10	<12	<14
粗灰分	<16	<23	<25	<27
粗纤维	<1.5	<2	<2	<2
盐分	<3	<3	<4	<5

矿物质饲料 以提供矿物元素为目的的饲料为矿物质饲料[①]，包括食盐、钙磷补充料、微量元素补充料及其他矿物元素补充料。

①包括可供饲用的天然矿物质、化工合成的无机盐类、有机配位体与金属离子螯合物。如石粉、贝壳粉、骨粉、磷酸氢钙、沸石粉、饲用微量元素、络合铁等。

饲料用食盐多属工业用盐，含氯化钠95%以上，一般蛋鸡饲料中用量为0.25%~0.5%，若鸡只饮水不足，可能出现食盐中毒，使用鱼粉等饲料时要特别注意。食盐还可以作为微量元素添加剂的载体，但由于吸湿性强，在相对湿度75%以上时就开始潮解，因此必须保持含水量0.5%以下。

矿物质补充料都是含营养素比较专一的饲料，如碳酸钙、石灰石粉、蛋壳粉都是只含钙的饲料，专为补充钙而添加，蛋鸡产蛋期以添加粗粒为好；骨粉、磷酸钙、磷酸氢钙主要是作为磷的来源，这些都是无机磷。微量元素都用饲料级的硫酸盐来补充，既补给了铁、铜、锌、锰等元素，也供给了硫。现在市场上有多种螯合物供应，其利用率和成本均高于硫酸盐。此外，碘化钾、硫酸钴、亚硒酸钠都属于微量元素添加剂。

维生素饲料 维生素饲料①是指人工合成的各种维生素化合物商品，由于动物对维生素需要量低，维生素饲料常作为饲料添加剂使用。我国传统养鸡多利用青饲料补充维生素的不足，20 世纪 60 年代发展到以鱼肝油及酵母补充脂溶性维生素与 B 族维生素。维生素按照溶解性可分为脂溶性维生素 A、维生素 D、维生素 E、维生素 K 和水溶性维生素 B、C。其中 B 族维生素目前有二十余种，蛋鸡行业常用的大概有十余种。

微量元素和维生素占饲料的比例很小，添加时均应以沸石、玉米胚芽粕等为载体制成预混料，然后添加到

表 4-12 维生素饲料添加剂在全价饲料中的稳定性②

维生素名称	稳 定 性
维生素 A	与饲料贮藏条件有关，在高温、高湿以及有微量元素和脂肪酸败情况下，破坏加快
维生素 D_3	与维生素 A 类似
维生素 E	在 45℃条件下可保存 3～4 个月，在全价配合饲料中可保存 6 个月
维生素 K_3	与饲料贮藏条件有关，在粉状饲料中较稳定，对潮湿、高温及微量元素的存在较敏感；饲料制粒过程有损失
维生素 B_1	在饲料中每个月损失约1%～2%；对热、氧化剂和还原剂敏感，pH 3.5时最适宜
维生素 B_2	一般每年损失 1%～2%；但有还原剂和碱存在时稳定性降低
维生素 B_6	正常情况下每月损失不到 1%，对热、碱和光敏感
维生素 B_{12}	正常情况下每月损失 1%～2%，但在高浓度氯化胆碱、还原剂及强酸条件下，损失加快，在粉料中很稳定
泛酸	正常情况下每月损失约 1%，高湿、热和酸性条件下损失加快
烟酸	正常情况下每月损失不到 1%
生物素	正常情况下每月损失不到 1%
叶酸	在粉料中稳定，对光敏感；pH<5 时稳定性差
维生素 C	对制粒和微量元素敏感，室温下贮藏 4～8 周损失 10%

①指工业合成或提纯的单一或复合的维生素，但不包括某种维生素含量较多的天然饲料，如胡萝卜。

②维生素添加剂的稳定性较差，对氧化、还原、水分、热、光、金属离子、酸碱度等因素都具有不同程度的敏感性。维生素添加剂在没有氯化胆碱的维生素预混料中稳定性比在维生素—矿物元素预混料中的稳定性高。在使用维生素添加剂时，不但应按其活性成分的含量进行折算，而且应考虑加工贮藏过程中的损失程度，适当加量添加。

饲料中使用。载体的量以总量达到 10 千克为宜，这样预混料的量达到 1%，易于在饲粮中混合均匀。

2. 蛋鸡饲料配方[1]的设计方法

蛋鸡饲养标准的选用及原料的选择　蛋鸡饲料除雏鸡料外，原料选材范围较为广泛。国内蛋鸡品种较为杂乱，很难给出具有代表性且适合各地参考的配方。因此，建议根据蛋鸡品种、当地原料进行科学合理的设计。

◆ 褐壳蛋鸡的营养标准高于白壳蛋鸡，但由于褐壳蛋鸡采食量较高，按每千克日粮表示营养需要时低于白壳蛋鸡的标准。NRC（1994）第九版《家禽营养需要》一书中，按采食量对日粮的营养成分进行了折算。实际上褐壳蛋鸡除体重稍大、维持需要偏高外，产一枚同等重量的蛋所需要的营养成分与白壳蛋鸡无明显差异。因此，在进行褐壳蛋鸡、白壳蛋鸡饲料的设计时，可针对不同品种按饲养管理手册的推荐标准加上安全系数即可。

◆ 开产前 18~20 周内，建议用户将育成料与产蛋期料按 1∶1 比例混合，最主要的是开产前料的钙水平应高于育成鸡料，饲料中钙水平为 2.0%~2.5%，其次应提高必需氨基酸和维生素 D 及有效磷的含量。

◆ 蛋鸡料在原料选择上要注意粒度问题[2]，有些原料如玉米蛋白粉、酵母粉等粒度很小，高比例使用时易使饲料过细，鸡不喜欢采食，粉尘也较大。在生产中蛋鸡料可控粒度的原料比例约在 80%以下，主要是玉米、豆粕及一些需粉碎的蛋白原料等。另外，黏性大的原料，如小麦粉应制成颗粒状，细粉多时易黏嘴。对粪便或鸡蛋颜色产生不利影响的原料。如土霉素渣、棉仁粕、棉

①根据动物的营养需要、饲料的营养价值、原料的供应情况和价格等条件合理地确定饲粮中各种饲料原料的配合比例，这种饲料的配合比例称为饲料配方。

②鸡有挑食的习惯，多不愿意采食粉状饲料而挑拣粒状的谷物，这样影响鸡获得预期的营养，尤其是饲喂药物时不能保证采食到足够的药量。

籽饼等用量尽量控制在5%以下。

蛋鸡饲料配方设计原则 在生产实践中，应以饲养标准[①]为依据，考虑蛋鸡的品种或品系、年龄阶段、生产性能、当地饲料资源、饲养环境和方式以及采食量等因素，因地制宜，灵活掌握，将各种饲料按照合理配比搭配在一起，以满足不同年龄、不同生产性能蛋鸡群体的需要。

◆ 营养原则：以饲养标准为依据，注意饲料的多样化，优先满足蛋鸡的能量需要。

◆ 生理原则：根据不同生理阶段的特点和营养需求合理搭配日粮，饲料的种类和配比变化应逐渐进行，适应期以1~2周为宜，产蛋鸡日粮中粗纤维含量控制在3.5%以下。

◆ 经济性原则：一般要求，饲料成本不超过总成本的70%。

◆ 安全性和合法性原则：配方设计要综合考虑产品对环境生态和其他生物的影响，减少动物废弃物中氮、磷、药物及其他物质对人类、生态系统的影响，部分饲料原料（如棉籽粕）应控制使用量，药物和促生长添加剂要注意停药期。

配方设计方法 饲料配方计算技术是动物营养与饲料学和近代应用数学相结合的产物。发展配合饲料[②]，是实现饲料合理搭配，获得高效益、低成本饲料配方的重要手段。常用的饲料配方计算方法包括试差法、交叉法、联立方程法、计算机辅助设计法。

(1) **交叉法** 交叉法又称四角法、方形法、对角线法或图解法。在饲料原料种类不多，考虑营养指标较少的情况下，应用此方法较为简便。其缺点是计算过程中要反复进行两两组合，比较麻烦，不能满足多项营养指

①饲养标准是根据畜牧业生产实践中积累的经验，结合物质能量代谢试验和饲养试验，科学地规定出不同种类、性别、年龄、生理状态、生产目的与水平的畜禽，每天每头（只）应给予的能量和各种营养物质的数量，这种规定的数量，称作饲料标准或营养需要量。

②配合饲料指根据动物不同生长阶段、不同生理要求、不同生产用途的营养需要，以及以饲料营养价值评定试验和研究为基础，按科学配方把不同来源的饲料，依一定比例均匀混合，并按规定的工艺流程生产，以满足各种畜禽实际需求的混合饲料。

标的设计，且应用此法时要注意两种饲料养分含量必须分别高于和低于所求的数值。下面举例说明：

①两种饲料的配合：例如用玉米、豆粕为主给8周龄以内雏鸡配制蛋白质水平为19.0%的饲料，步骤如下：

第一步：做十字交叉图，把混合饲料所需达到的粗蛋白质含量19.0%放在交叉中心处，玉米和豆粕的粗蛋白质含量分别放在左上角和左下角；然后以左方上、下角为出发点，各向对角通过中心做较差，大数减小数，所得的数分别记在右上角和右下角。

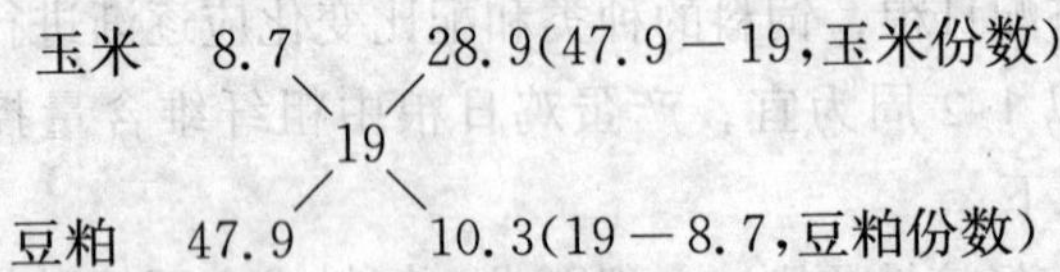

第二步，上面所计算的各差数，分别除以这两差数的和，就得到两种饲料混合的百分比。

玉米应占比例 =28.9/（28.9+10.3） ×100%=73.7%

检验：8.7%×73.7%=6.4%

豆粕应占比例 =10.3/（28.9+10.3） ×100%=23.6%

检验：47.9%×26.3%=12.6%

6.4%+12.6%=19.0%

因此，8周龄雏鸡的混合饲料，由73.7%玉米与26.3%豆饼组成。

②两种以上饲料组分的配合：例如要用玉米、稻谷、小麦麸、米糠、豆粕、菜子饼、进口鱼粉（含蛋白60.2%）、石粉和矿物质饲料（骨粉和食盐）为产蛋高峰期蛋鸡配制含粗蛋白质为16.5%的混合饲料。方法如下：

第一步：先确定某些饲料比例，然后进行饲料分组。进口鱼粉比例为3%，石粉为7%，骨粉为1%，食盐为

0.37%，添加剂为 0.5%。将能量饲料和蛋白质饲料分别组合，按类分别算出能量饲料组和蛋白质饲料组中粗蛋白质的平均含量。

根据实际情况确定能量饲料玉米、稻谷、小麦麸、米糠按 40∶35∶20∶5 组成，并从饲料营养成分表中查到上述各种饲料粗蛋白质的含量，玉米为 8.7%、稻谷为 7.8%、小麦麸为 15.4%、米糠为 12.8%、豆粕为 47.9%、菜子饼为 35.7%、矿物质饲料为 0。

能量饲料组的蛋白质含量为：

40%×8.7%+35%×7.8%+20%×15.4%+5%×12.8%=9.93%；

蛋白质饲料豆粕、菜子饼按 60∶40 组成，并查出粗蛋白质含量，豆粕为 47.9%、菜子饼为 35.7%，即蛋白质饲料组蛋白质含量为：

60%×47.9%+40%×35.7%=43.02%；

日粮中未确定成分所占比例为：

100%−3%−7%−1%−0.37%−0.5%=88.13%；

日粮中未确定成分应含粗蛋白质为：

（16.5%−60.2%×3%）/88.13%=16.67%；

第二步：把混合的能量饲料和混合的蛋白质饲料用四边形法计算，即：

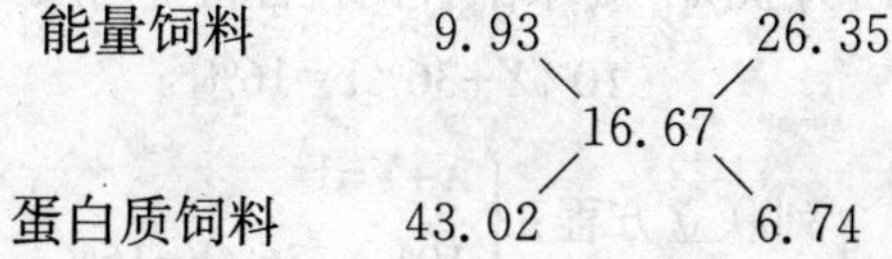

四方形右上角的得数 26.35 是混合的能量饲料在日粮中所占的份数；右下角得数 6.74 是混合的蛋白质饲料在日粮中所占的份数。

第三步：把上列能量饲料和蛋白质饲料换算成百分数。

能量饲料为：26.35/（26.35+6.74）=79.63%；

蛋白质饲料为：6.74/（26.35+6.74）=20.37%；

计算各种饲料在日粮中所占的比例。

玉米：40%×79.63%×88.13%=28.07%；

稻谷：35%×79.63%×88.13%=24.56%；

麦麸：20%×79.63%×88.13%=14.04%；

米糠：5%×79.63%×88.13%=3.51%；

豆粕：60%×20.37%×88.13%=10.77%；

菜子饼：40%×20.37%×88.13%=7.18%；

另外，需加入进口鱼粉 3%，石粉 7%，骨粉 1%，食盐 0.37%，添加剂 0.5%，合计 100%。

(2) 联立方程法　此法是利用数学上的联立方程求解法来计算饲料配方，优点是条理清晰、方法简单；缺点是饲料种类多时计算较为复杂。例如，要配制含粗蛋白 16%的配合饲料，现有含粗蛋白质 10%的能量饲料（其中玉米占 80%，麸皮占 20%）和含粗蛋白质 36%的蛋白质浓缩料，其方法如下：

设配合饲料中能量饲料的百分数为 X%，蛋白质浓缩料百分数为 Y%

得：$X+Y=1$

能量混合料的粗蛋白质含量为 10%，蛋白质浓缩料含粗蛋白质为 36%，要求配合饲料含粗蛋白质为 16%。

得：$10\%X+36\%Y=16\%$

列联立方程：$\begin{cases} X+Y=1 \\ 10\%X+36\%Y=16\% \end{cases}$

求解：X=80.77（%）

Y=19.23（%）

求能量饲料中玉米、麸皮在配合饲料中所占的比例：

玉米占比例 =80.77%×80%=64.62%

麸皮占比例 =80.77%×20%=16.15%

因此，配合饲料中玉米、麸皮和蛋白质浓缩料各占64.62%、16.15%和19.23%。

(3) 试差法　这种计算方法又称凑数法，是小型企业普遍采用的方法之一。具体做法是：首先根据经验初步拟出各种饲料原料的大致比例，然后用各自的比例去乘该原料所含的各种养分的百分含量，再将各种原料的同种养分之积相加，即得到该配方中每种养分的总量，将所得结果与饲养标准进行对照，若有任何一种养分超过或不足时，可通过增加或减少相应的原料比例进行调整和重新计算，直至所有的营养指标都基本满足要求为止。这种方法简单易学，可以逐步深入，掌握各种配方技术，被广为利用。缺点是计算量大，十分繁琐，盲目性较大，不易筛选出最佳配方。

试差法计算需要一定的配方经验：

◆ 初拟配方时，先将矿物质、食盐、预混料等原料的量确定。

◆ 对原料的营养特性要有一定的了解，确定含有毒素、营养抑制因子等原料的用量，通过观察对比各原料的营养成分，确定用来相互替代的原料。

◆ 调整配方时，先以能量和蛋白质为目标进行，后考虑矿物质和氨基酸。

◆ 矿物质不足时，先以含磷高的原料满足磷的需要，再计算钙的含量，不足的钙以低磷高钙的原料补充。

◆ 氨基酸不足时，以合成氨基酸补充，但要考虑氨基酸产品的含量和效价。

◆ 配方营养浓度应稍高于饲养标准，可以自行确定一个最高的超出范围，如1%~2%。

(4) 计算机辅助设计法　随着需要考虑的营养指标的增多，要求设计者采用多种来源的饲料原料，设计出营养成分合理、价格优势明显的配合饲料配方。手工计算配方运算量大、计算繁琐，因此需要利用快速、高效的计算机优化饲料配方设计。

我国在20世纪80年代中期开始较为普遍地使用计算机技术、运筹学及线性规划方法设计配合饲料配方。计算机优化饲料配方设计有着不同于传统方法的特点，初学者应注意：

◆ 饲料配方设计软件很多，具体操作也各异，应用时要先阅读使用手册，循序渐进，多实践，积累经验。

◆ 只有为计算机提供抽象后的数学模型，才能计算，所以，饲料配方设计的核心是将饲料配方过程中的营养与经济问题，转化为相应的数学模型。

◆ 正确处理配方实践过程中出现的问题，如出现无解，应检查原料营养成分含量之间是否彼此矛盾或原料品质差而饲养标准定得过高。

◆ 计算机设计饲料配方的方法有多种，如线性规划法、多目标规划法、参数规划法等，线性规划法是其中应用最为广泛的一种，其解法成熟、规范、通用性好，是其他规划方法的基础。当设计出初步的配方时，还要进行优选，优选的步骤是：

①确定饲料种类：要根据饲料资源、库存情况、市场行情、动物种类及不同生理阶段、生产目的和性能来确定采用哪些原料。

②确定营养指标[①]：主要是根据动物不同生理阶段、生产性能来确定营养指标的需要量。有的指标要有上下限约束。

③查营养成分表：饲料原料的营养物质含量因地而异，因此，最好对各种原料进行取样分析，所输入的营养含量值要同级同位，采用百分含量，不能互相矛盾。

④查实饲料原料的价格。

将上述各步骤的数据逐一输入计算机内。运行配方

①营养指标值确定的根据：国内外正式公布使用的饲养标准；设计者的理论水平和实际经验；本地长期生产的经验数据；用户的特殊要求；特殊的科学试验要求等。

计算程序，求解。

审查计算机设计出的配方，如不理想，就要修正，要有针对性地设置约束条件和限制量，从而得到一个营养平衡、价格适中的科学配方。

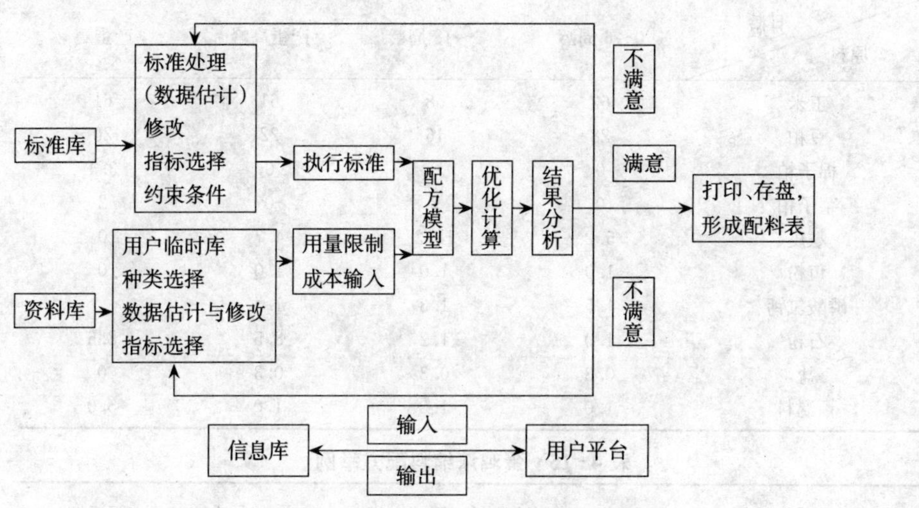

图 4-9　配方软件结构组成图

表 4-13　维生素超量添加比例　　单位：%

维生素	超量添加比例
维生素 A	15～50
维生素 D	15～40
维生素 E	20
维生素 K_3	2～4 倍
维生素 B_1	10～15
维生素 B_2	5～10
维生素 B_6	10～15
维生素 B_{12}	10
叶酸	10～15
烟酸	5～10
泛酸钙	5～10
维生素 C	10～20

3. 参考饲料配方

表 4-14　不同生长阶段蛋鸡全价料推荐配方　单位:%

日龄 原料	0～6 周龄	6～18 周龄	产蛋高峰	产蛋鸡
玉米	62	58	61	61
豆粕	28	16	22	20
棉子粕	0	0	0	3.4
菜子粕	0	3	0	2
麸皮	5.2	18.2	4.7	0
鱼粉	1.0	1.0	1.0	0
磷酸氢钙	1.5	1.3	1.5	
石粉	1.0	1.2	8.5	8.6
盐	0.3	0.3	0.3	0
预混料	1.0	1.0	1.0	5.0

表 4-15　蛋鸡浓缩料配方举例

原　料	30%浓缩料（蛋鸡 1 号）	35%浓缩料（产蛋后期）
玉米（%）	7.15	9.46
小麦麸（%）	0.5	0
豆粕（%）	40	17.75
鱼粉（%）	16.65	14.30
石粉（%）	1.10	21.75
蛋氨酸（%）	0.28	0.20
赖氨酸（%）	0.07	0.23
胡麻粕（%）	10.0	6.0
棉子粕（%）	6.0	12.75
菜子粕（%）	10	0
骨粉（%）	6.0	4.25
预混料（%）	1.70	1.43
盐（%）	0.55	0.48
葵花子粕（%）	0	11.40
总计	100.00	100.00
抗氧化剂（克）	800	800
除霉剂（克）	500	500

（续）

原　料	30%浓缩料（蛋鸡1号）	35%浓缩料（产蛋后期）
主要营养指标		
代谢能（兆焦/千克）	9.21	7.95
粗蛋白（%）	39	30
钙（%）	3.13	8.65
有效磷（%）	1.27	0.98
蛋氨酸＋胱氨酸（%）	1.48	1.13
赖氨酸（%）	2.17	1.63
精氨酸（%）	2.58	1.95
苏氨酸（%）	1.50	1.20
建议用户使用方法		
玉米（%）	63	65
浓缩料（%）	30	35
石粉（%）	7	0
总计	100	100
配成全价料后应达到的营养水平		
代谢能（兆焦/千克）	11.51	11.51
粗蛋白（%）	17	16
钙（%）	3.5	3.7
有效磷（%）	0.42	0.38
蛋氨酸＋胱氨酸（%）	0.66	0.60
赖氨酸（%）	0.80	0.76
可消化赖氨酸（%）	0.70	0.66
精氨酸（%）	0.97	0.90
色氨酸（%）	0.18	0.17

表4-16　我国蛋鸡复合预混料配方

原　料	蛋鸡高产期	中、低产期	雏鸡1～60日龄	61～150日龄
维生素A（百万单位/千克）	1 500	700	1 000	300
维生素D（百万单位/千克）	200	500	100	100
维生素E（千单位/千克）	500	0	500	0
维生素K_3（克/千克）	200	0	200	0
维生素B_1（克/千克）	200	0	0	0
维生素B_2（克/千克）	400	300	400	400
泛酸钙（毫克/千克）	1	1	1	1
胆碱（毫克/千克）	70	60	70	70
烟酸（毫克/千克）	2	1.5	2	2

（续）

原　　料	蛋鸡高产期	中、低产期	雏鸡 1～60 日龄	61～150 日龄
维生素 B_6（克/千克）	600	0	0	0
叶酸（克/千克）	50	0	0	0
维生素 B_{12}（克/千克）	3	3	3	3
维生素 C（克/千克）	5	5	0	0
锰（毫克/千克）	5	5	5	5
铁（毫克/千克）	2	2	2	2
铜（克/千克）	250	250	250	250
锌（克/千克）	1 350	900	900	900
钴（克/千克）	200	200	300	200
碘（克/千克）	200	200	200	200
抗生素（毫克/千克）	0	0	1	0
抗球虫药（毫克/千克）	0	0	1.5	0
抗氧化剂（毫克/千克）	12.5	12.5	12.5	12.5

4. 饲料生产加工设备

饲料加工设备种类繁多，现针对农村专业户把常用的主要饲料加工设备作一简要介绍。

小型饲料加工设备

(1) 粉碎机　粉碎机主要用于粉碎粒状（谷物类）、秆状（秸秆等）、饼块类（豆饼、棉籽饼等）饲料。常用的粉碎机按其结构可分为锤片式、爪（齿爪）式和辊（对辊）式三种。其中，锤片式粉碎机由于通用性好、适应性广、效率高，具有粉碎和筛分两种功能，应用最为普遍。

(2) 配料秤　小型蛋鸡场的配料计量较为简单，对大量原料称量使用磅秤，对微量原料称量用天平或电子盘秤，电子秤具有称重精度高、速度快、效率高等优点。

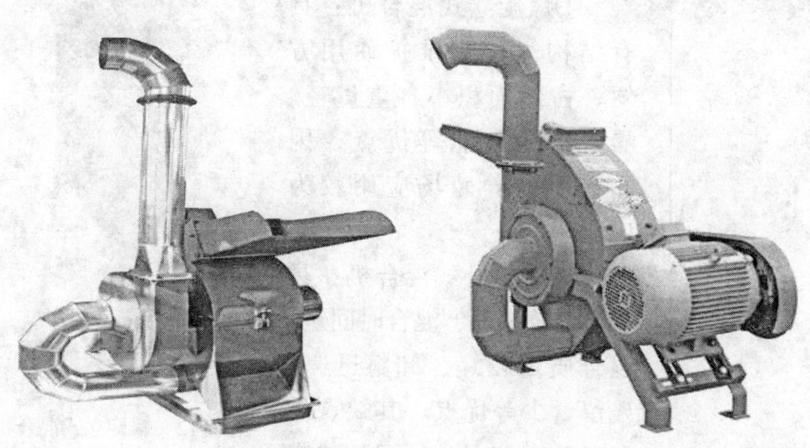

图 4-10　锤片式粉碎机

(3) 混合机　混合是将各种饲料成分互相掺和，使各种成分均匀分布的一道关键工序。它是确保配合饲料质量和提高饲养效果的重要环节。常用的混合机有：螺旋立式混合机(小型机组常用)、螺旋卧式混合机（饲料厂广泛使用)、双轴桨叶式高效混合机（具有很大优越性，将逐渐替代卧式混合机和锥形螺旋混合机，多用于添加剂预混料的混合)。

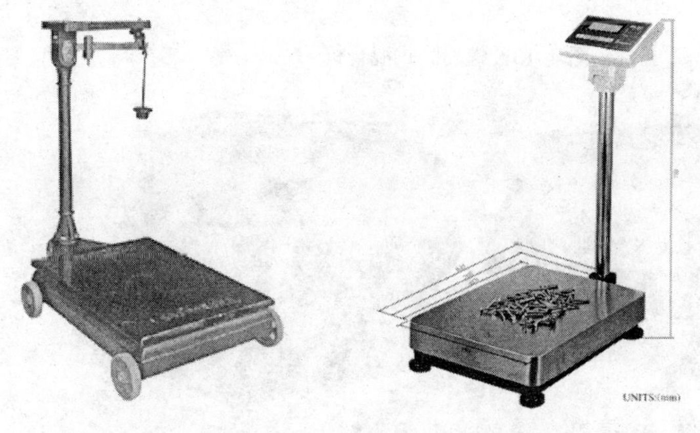

图 4-11　配料秤

①螺旋立式混合机：具有结构简单、维护使用方便、占地面积小、重量轻、噪音低、节能等优点，因此在小型养殖场应用较为广泛。

图 4-12　螺旋立式混合机

②螺旋卧式混合机：具有混合效率高、混合时间短、混合质量较好、卸料迅速、残留量少等优点。其缺点是配套动力较大，须配备减速器，因而造价较高，其混合性能不及正在发展的双轴桨叶式混合机。

③双轴桨叶式高级混合机：主要特点为低速运转，

图 4-13　螺旋卧式混合机

图 4-14　双轴桨叶式高效混合机

高效混合，动作柔和；混合时间短（40~60 秒 / 批），混合均匀度高（≤5%）；排量迅速，残留量少等。

（4）制粒机　我国目前生产的颗粒饲料主要是硬性颗粒饲料及部分软颗粒饲料。蛋鸡生产中使用的是硬性颗粒饲料。压制硬性颗粒饲料的制粒机有环模式和平模式两种。平模式制粒机结构简单、制造简易、成本较低，故在我国小型饲料企业多用平模制粒机，大、中型饲料

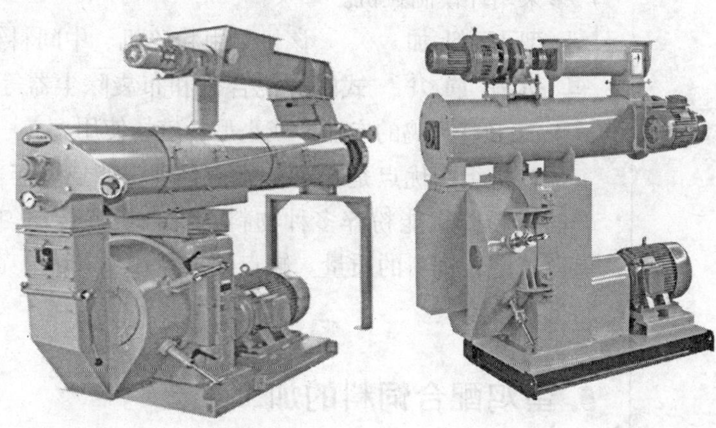

图 4-15　环模制粒机

图 4-16　平模制粒机

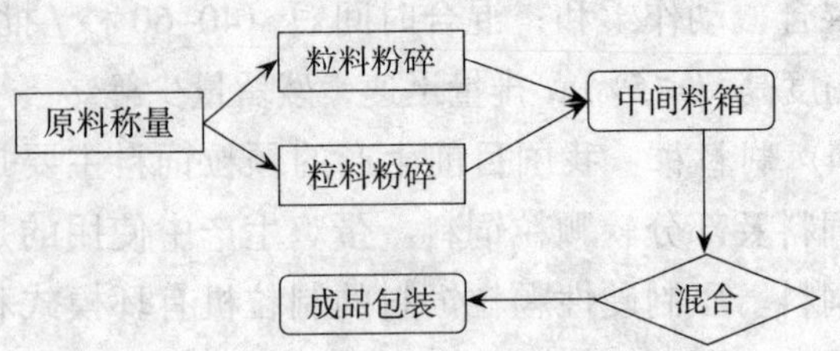

图 4–17　时产 0.5 吨的饲料加工机组工艺流程图

厂多采用环模制粒机。

小型饲料加工机组简介　该机组由粉碎机、中间料箱、卧式螺旋混合机和布袋除尘器等组成。适于 30 000 只鸡的专业户或小型养殖场使用。

该机组的优点是：工艺流程合理，能连续作业，效率高；粉碎机能粉碎多种物料，混合机混合均匀度高，保证了配合饲料的质量。缺点是批量小（100 千克），配料批次较频繁。

5. 蛋鸡配合饲料的加工工艺

配合饲料的加工原料包括主原料、副原料和各类添加剂，产品是依据配方生产适用于蛋鸡的全价配合饲料。常用的主要原料有玉米、大麦、高粱等；副原料包括豆饼、豆粕、麸皮、鱼粉、石粉等；添加剂包括矿物质添加剂、维生素添加剂、营养性添加剂、药物性添加剂等。对于蛋鸡场，添加剂一般都混合在复合预混料中，只要根据预混料提供的推荐配方，结合自己的生产实际，适量添加主原料和副原料，进行简单的粉碎和混合即可。

全价配合饲料的生产可以分为原料清理、粉碎、配料、混合等步骤。对于蛋鸡生产，一般是自行购置主、副原料，在购买时同时测定原料的等级，并在使用前进行晒干工序，一般用于配制全价饲料的原料含水量应该在14%以下。

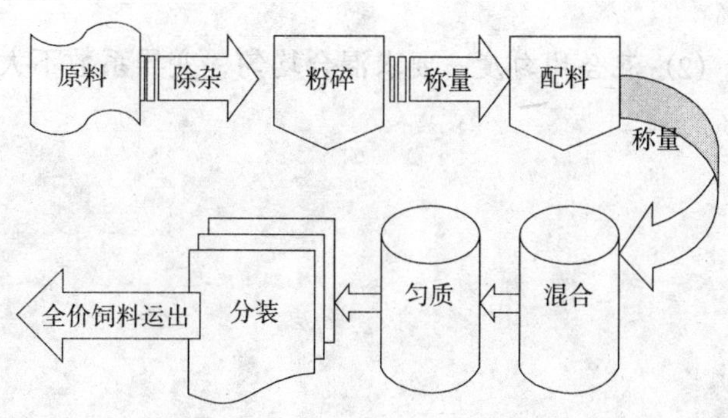

图4-18 饲料加工工序流程图

6. 蛋鸡配合饲料质量标准

外观要求 色泽一致，无发霉、变质、结块、异味及异臭。

水分指标 北方地区不高于14%，南方地区不高于12.5%。符合下列情况之一可以允许增加0.5%的含水量：一是平均气温在10℃以下的季节；二是从出厂到饲喂期不超过10天；三是配合饲料中添加有规定量的防腐剂。

加工质量指标

包括成品粒度和混合均匀度。

(1) *成品粒度* 要求产蛋后备鸡（前期）配合饲料（粉料）99%通过2.8毫米编织筛，但不得有整粒谷物，1.4毫米编织筛筛上物不得大于15%；产蛋后备鸡（中期、后期）配合饲料（粉料）99%通过3.35毫米编织筛，但不得有整粒谷物，1.70毫米编织筛筛上物不得大于15%；产蛋鸡配合饲料全部通过4.0毫米编织筛，但不得有整粒谷物，2.0毫米编织筛筛上物不得大于15%。

（2）混合均匀度　要求混合均匀，变异系数不大于10%。

五、雏鸡的饲养与管理

目标
- 了解雏鸡的生理特点和生活习性
- 了解育雏的常用方式
- 熟悉育雏前各项准备工作以及雏鸡运输选择方法
- 掌握雏鸡的饲养和管理技术

育雏期[①]是蛋鸡生产中重要的基础阶段，育雏工作的好坏不仅直接影响雏鸡整个培育期的正常生长发育，也影响其产蛋期生产性能的发挥。

①雏鸡 0～6 周龄为育雏期。

育雏期的主要技术措施是根据雏鸡的生理特点和生活习性，采用科学的饲养管理措施，给雏鸡提供适宜的生长环境和充足的营养，并做好卫生消毒和防疫工作，以满足雏鸡的生理要求，防止各种疾病的发生，使雏鸡达到健康状况良好、生长发育及体重达到正常标准的培育目标。

◆ 健康：雏鸡未发生传染病，食欲正常，精神活泼，反应灵敏，羽毛紧凑而富有光泽。

◆ 成活率高：较高水平为育雏的第 1 周死亡率不超过 0.5%，前 3 周不超过 1%，0～6 周死亡率不超过 2%。

◆ 生长发育良好：生长速度、体重符合标准，骨骼和肌肉发育良好，羽毛丰满，且全群具有良好的均匀度。

1. 雏鸡的生理特点和生活习性

生长发育迅速 蛋鸡商品雏的平均出壳重在40克左右，2周龄体重为初生重的2倍，6周龄末体重可达到440克左右，增重11倍，可见雏鸡代谢旺盛，生长发育迅速。就单位体重计，雏鸡的耗氧量和废气排出量也大大高于成年鸡。雏鸡对各种营养物质的吸收利用也相应地超过成年鸡。因此，育雏期必须严格按照雏鸡营养标准，配制营养丰富的全价日粮。不仅要保证充足的蛋白质水平、恰当的能量水平，还要保证氨基酸平衡和钙、磷平衡，同时要求富含多种维生素和微量元素。育雏阶段因营养摄入不足导致雏鸡生长发育不良，是日后无法弥补的。

体温调节机能弱 初生幼雏体温调节机能发育不完善，自体产热能力和机体保温能力差。雏鸡体温低于成年鸡1～3℃，在10日龄后体温才接近成年鸡，待到3周龄左右体温调节中枢机能逐步完善，机体产热能力增强，绒羽脱换、新羽生长之后体温才逐渐处于正常状态。因此，雏鸡对环境温度很敏感，既怕冷、又怕热，故必须为雏鸡创造温暖、干燥、卫生、安全的环境条件。

消化机能尚未健全 雏鸡代谢旺盛、生长发育快，但是消化器官容积小、消化功能差、消化酶分泌不多。因此，在饲喂上要求给予含粗纤维低、易消化、营养全面而平衡的日粮，特别是与生长有关的蛋白质、氨基酸、维生素、微量元素必须满足。要选择容易消化的饲料配制日粮，对棉籽粕、菜子粕等一些非动物性蛋白饲料，雏鸡难以消化，适口性差，利用率较低，要控制添加比例。

抗病能力差 雏鸡体小娇嫩，对疾病抵抗力很弱，适应能力差，易感染疾病，如鸡白痢、大肠杆菌病、传染性法氏囊病、球虫病和慢性呼吸道病等。育雏阶段要严格做好环境卫生和疾病预防工作，切实做好消毒隔离和疫苗免疫接种。

胆小怕惊吓 雏鸡对周围环境中的异常响动非常敏感，胆小怕惊吓。因此，一定要保持雏鸡生活环境安静，避免噪声或突然惊吓。非工作人员应避免进入育雏舍；在雏鸡舍和运动场应增加防护设备，以防鼠、蛇、猫、狗、老鹰等的袭击和侵害。

群居性强 雏鸡喜欢群居，模仿学习力强，雏鸡之间可相互引导饮水、觅食和熟悉环境，便于大群饲养管理，有利于节省人力、物力和设备。但这种习性在管理措施不当的情况下，也容易造成相互拥挤、踩踏，引起雏鸡外伤甚至死亡。

羽毛生长更新速度快 雏鸡羽毛生长极为迅速，在4~5周龄进行第一次换羽。羽毛中蛋白质含量为80%~82%，为肉中蛋白质的4~5倍。因此，雏鸡对日粮中蛋白质（尤其是含硫氨基酸）水平要求较高。

初期易脱水 刚出壳的雏鸡体内含水率在75%以上,如果在干燥环境中放置时间长易脱水,因此出雏后及育雏前期要特别注意湿度控制调节。

2. 育雏方式分类

地面育雏①

（1）垫料要求 干燥、保暖、吸湿性强、柔软、不

①指在水泥地面上培育雏鸡，地面上铺设垫料，垫料厚度为20~25厘米。地面育雏成本低，条件要求不高，但易发生疾病。

板结。常用锯末、麦秸、谷草等作垫料。

（2）供暖方式　包括采用暖风炉、火炕、煤炉、暖气、红外线和保温伞等设施供暖①。

图 5-1　保温伞育雏

图 5-2　育雏用热风炉

网上育雏

◆ 网上育雏②可有效控制鸡白痢和球虫病等疾病的暴发，但投资较大。

◆ 网眼 12.5 厘米 × 12.5 厘米，粪尿混合物可直接掉

①育雏供暖方式中，自动燃气暖风炉供暖卫生清洁，通风良好，是比较理想的供暖方式；而保温伞育雏与母鸡哺育雏鸡的保暖方式最接近，育雏效果良好，但需要其他供暖方式辅助。

②将鸡饲养在距地面 50~60 厘米高的铁丝网（镀锌）或塑料垫网上。

于地面。供暖方式与地面育雏相同。

图 5-3　网上育雏

立体育雏[①]

◆ 育雏笼每层分为给温区、保温区和散温区三个不同功能区[②]。

图 5-4　立体育雏

①指将雏鸡饲养在 3~5 层育雏笼内，是大型养鸡厂常用的一种育雏方式。具有饲养密度大、热源集中、易于保温、雏鸡成活率高的优点。但投资较大，且上下层温差大。

②每个功能区适宜雏鸡不同温度条件下的活动，温度适宜时雏鸡多均匀分布在保温区，温度低时会挤在给温区，温度高时则分布于散温区。

◆ 立体育雏的供暖方式多采用暖气、热风炉或笼内电热板。

3. 育雏前的准备工作

育雏前的准备工作包括鸡舍、器具的清理、冲洗、清洗、消毒，设备调试，鸡舍预温，以及鸡饲料、兽药、疫苗等物质准备，这些工作最迟应在接雏前 7 天进行。

育雏季节的选择 季节的变化对于封闭式鸡舍影响不大，封闭式鸡舍可实行全年育雏。而开放式鸡舍以春季育雏最好。春季育雏雏鸡生长发育迅速，体质健壮，成活率高。夏季育雏雏鸡的食欲不佳，阴雨连绵时易患球虫病。秋季育雏雏鸡生长发育缓慢，达成鸡时体重不足。冬季育雏雏鸡体质不良，育雏费用较高。

雏鸡的定购 雏鸡饲养量应根据成鸡的数量和育雏设备的容量确定[①]。例如，成鸡笼位数为 5 000，育雏成活率为 95%，育成成活率为 95%，鉴别率为 98%，合格率为 98%，保险系数为 1.05，那么进雏鸡数为 5 000 ÷ 0.95 ÷ 0.95 ÷ 0.98 ÷ 0.98 × 1.05=6 057 只。孵化场一般给予 2%的损耗，所以定购 5 800 只雏鸡在上述饲养水平下，可以满足成鸡笼的饲养需要。

①在设计育雏舍的容量时应根据成鸡舍的容量和饲养水平确定。

育雏舍、育雏器、育雏用具的准备和消毒 育雏前对育雏舍要进行维修和消毒，使育雏舍和育雏室保温良好、干燥、通风、不过于亮。对育雏器和供暖设备要进行检查修理，使之能正常使用不发生问题。

育雏舍的熏蒸消毒 注意以下事项：

◆ 熏蒸消毒前必须密闭门窗，应在舍温 10℃以上、相对湿度 70%以上的环境条件下进行，而且必须密闭鸡舍 24 小时。

◆ 熏蒸用的容器必须使用金属或陶瓷器皿，容积为药品体积的 3～4 倍。

◆ 熏蒸容器在鸡舍内要排放均匀，避免出现熏蒸死角。

◆ 使用甲醛与高锰酸钾熏蒸消毒时，要先在容器内放入甲醛溶液，后放入适量高锰酸钾，同时用棍棒搅拌均匀。

◆ 熏蒸工作人员要穿好防护服、胶靴，戴好防毒面具和橡胶手套，以防气体和沸腾的药液灼伤眼睛、呼吸道黏膜和身体皮肤。

育雏围栏的搭建 采用地面或网上等平养育雏方式，为防止雏鸡远离热源和便于管理，应在育雏舍中用铁丝网、苇席或其他材料搭建围栏，并能达到如下要求：

◆ 围栏内每平方米面积放养 30 只 1 日龄雏鸡，每个围栏饲养雏鸡 300～500 只为宜。

◆ 围栏可随意拆卸、调整[①]。

◆ 围栏设置最好为圆形，以保温伞为中心，周围均匀摆放饮水器和料槽。

◆ 围栏高度应便于工作人员进出和便于从外部观察鸡群。

①雏鸡 2 日龄后要随着生长不断扩大围栏面积，2 周龄时可将围栏全部移走。

表 5-1 保温伞规格与育雏数量

伞罩直径（厘米）	伞高（厘米）	2 周龄以下鸡雏数
100	55	300
130	66	400
150	70	500
180	80	600
240	100	1 000

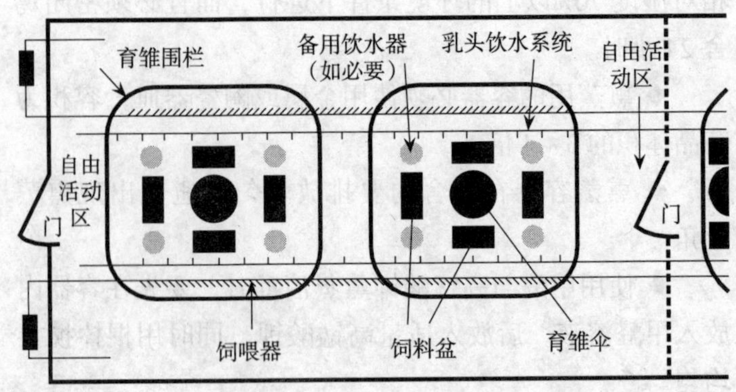

图 5-5 育雏围栏器具摆放示意图

饲料、垫料和药品准备

(1) 饲料 育雏前要按雏鸡日粮配方准备足够的各种饲料。

(2) 垫料 要准备充足的干燥、松软、不霉烂、吸水性强的垫料。

(3) 疫苗 包括禽流感基因重组活毒疫苗、传染性法氏囊疫苗、鸡新城疫疫苗、鸡痘疫苗、传染性支气管炎疫苗等。

(4) 治疗药 主要有抗球虫药以及氟哌酸、环丙沙星、恩诺沙星、土霉素、青霉素、链霉素、庆大霉素、卡那霉素、磺胺类药等。

(5) 消毒药 主要有高锰酸钾、福尔马林、火碱、新洁尔灭、百毒杀、抗毒威等。

(6) 营养药 包括水溶性多种维生素、电解质、葡萄糖等。

预热试温

在进雏前两天，对育雏室和育雏器要进行试温，使其达到标准要求。地面铺好垫料，厚约 3 ~ 5 厘米。

育雏准备工作流程

表 5-2　育雏前准备工作安排

接雏前时间	主要工作
14 天	清理雏鸡舍内的粪便、羽毛等杂物； 将鸡舍屋顶、四周墙壁、地面及地沟等处的灰尘、脏料、粪便等污物全部清扫干净； 清理育雏舍周围的杂物、杂草等 注意事项：如果上一批雏鸡发生过某种传染病，需间隔 30 天以上方可进雏，且在消毒时需要加大消毒剂剂量
13 天	用高压枪冲洗鸡舍、笼具、储料设备等。冲洗原则为：由上到下，由内到外
12 天	初步清洗整理结束后，对鸡舍、笼具、储料设备等消毒一遍； 对进风口、鸡舍周围地面用 2%火碱溶液喷洒消毒； 其他可选用的消毒药有：季胺盐、碘制剂、氯制剂等； 或用火焰消毒器将鸡舍墙壁、地面及笼具等耐火的金属器具进行灼烧消毒
11 天	将门窗关闭，用报纸密封进风口、排风口； 将消毒彻底的饮水器、料盘、粪板、灯伞、小喂料车、塑料垫网等放入鸡舍； 熏蒸消毒，每立方米空间用 15～20 毫升甲醛溶液和 7～10 克高锰酸钾混合熏蒸 24 小时 注意事项：也可用甲醛和漂白粉混合熏蒸消毒，每立方米用甲醛 42 毫升、漂白粉 21 克
9～10 天	打开鸡舍，通风，排净鸡舍内的甲醛气体
7～8 天	维修鸡舍育雏设备
6～7 天	用高压水枪再次冲洗屋顶、墙壁、窗户、风帽、风机、地面、笼具、料槽、饮水器、围栏等处，必要时对遗留的含有有机物的污渍用洗衣粉等刷洗干净
5～6 天	用火焰消毒器将鸡舍墙壁、地面及笼具等耐火的金属器具进行灼烧消毒；每平方米用 1 500 毫升 2%的火碱喷洒消毒地面、墙壁、地沟等污染严重的地方
4～5 天	将门窗关闭，用报纸密封进风口、排风口等， 每立方米空间用 15～20 毫升甲醛溶液和 7～10 克高锰酸钾混合，再次进行熏蒸消毒，密闭 24 小时以上
3～4 天	打开鸡舍，通风 24 小时，排净鸡舍内的甲醛气体； 准备使用的疫苗、兽药及饲料； 禁止闲杂人员及没有消毒过的器具进入鸡舍，等待雏鸡到来
2 天	移出熏蒸器具，然后用次氯酸钠溶液消毒一遍鸡舍； 鸡舍周围铺撒生石灰或消毒水； 用 0.1%高锰酸钾溶液或自来水清洗饮水器、料槽等采食饮水设备并晾干； 检查维修光照、通风、饮水、采食设备及温度计、湿度表等，保证能够正常运转或使用； 调试灯光，可采用 60 瓦白炽灯或 13 瓦节能灯，高度距离上层鸡头部 50～60 厘米； 调试供暖设备，进行提前预温，至雏鸡进入鸡舍前温度升到 32～35℃，相对湿度保持在 60%～70%； 地面育雏铺好垫料和搭建围栏，网上育雏铺好垫网和隔离围栏，立体育雏检查育雏笼运转情况

（续）

接雏前时间	主 要 工 作
1天	按每个围栏的鸡雏数量布置好饮水器和料槽； 再次检查育雏所用物品是否齐全，比如消毒器械、消毒药、营养药物及日常预防用药、生产记录本等； 检查育雏舍温度、湿度能否达到基本要求。温度：春、夏、秋季提前1天预温，冬季提前3天预温。雏鸡所在的位置能够达到35℃；湿度：鸡舍地面洒适量的水，保持一定的湿度（60%）； 鸡舍门口设消毒池（盆），人员进入鸡舍要洗手、脚踏消毒池（盆） 注意事项：物品的检查要细致、全面、到位

表5-3 雏鸡饮水建议空间

类型 \ 饲养方式	笼养	平养
杯式饮水器（个/1000只）	16	50
乳头饮水器（个/1000只）	16	50
钟式饮水器（个/1000只）	50（最少）	150
水槽（厘米/只）	1.25	1.25

表5-4 笼养育雏每只鸡的空间和设备需要量

品种 \ 设备	笼底面积（厘米²）	饲槽长度（厘米）	水槽长度（厘米）	乳头饮水器（只/个）
小型蛋鸡	129	4.1	1.5	20
白壳蛋鸡	154	5.1	1.9	15
褐壳蛋鸡	181	5.6	2.0	12

表5-5 平养育雏期每只鸡空间和设备需要量

鸡的类型	每平方米鸡数	水槽长度（厘米/只）	普拉松自动饮水器	每个乳头鸡数	鸡食槽长度（厘米）	每个料桶鸡数
小型蛋鸡	13.8	1.1	160	20	5	30
白壳蛋鸡	12.7	1.2	150	20	5	25
褐壳蛋鸡	10.8	1.5	100	15	8	25

4. 雏鸡的选择、运输与接收

健康雏鸡的标准 健康雏鸡应精神状态灵活，眼睛明亮，喙、腿、翅、趾无残缺，脐部愈合良好无残迹，叫声洪亮脆短。同时握在手中感觉有挣扎力，体态匀称，体重适中，腹部大小适中、柔软，膘肉饱满等，否则就是弱雏。

雏鸡的运输

雏鸡的运输和选择关系到育雏期的健康和成活率，应注意以下事项：

◆ 长途运输时装雏箱要求既保温又通风良好，箱的规格为120厘米×60厘米×18厘米，分成四格，每格装20只雏鸡。

图5-6　1日龄雏鸡及运雏箱

◆ 早春和冬季应在中午运输，夏季应在早晚运输并携带遮阳、遮雨器具，车内温度以25～28℃为宜。

◆ 运输途中不得停留，不得剧烈颠簸，每隔0.5～1小时要观察一次，防止雏鸡受寒、受热、脱水、闷死、压死。

◆ 雏鸡入舍时要根据身体强弱、体重大小等分栏饲养，对严重病弱雏要尽早淘汰。

雏鸡的接收

（1）准备

◆ 雏鸡到达时鸡舍的温度应为32～33℃，维持3天。

◆ 在确保温度的同时，注意鸡舍的湿度，采用地面洒水或喷雾消毒等方法提高鸡舍湿度，要确保湿度在60%。

◆ 运雏车到达前半个小时内准备好饮水（提前预温，防止应激拉稀）。方法：饮水杯装1/4的饮用水或凉开水，使雏鸡到达时饮水温度达到25℃左右。

◆ 注意观察饮水杯的水位，不可断水；每天换水次数不能少于3次。

◆ 饮水中可添加0.1%的电解多维、3%葡萄糖、恩诺沙星（按照使用说明）；夜间可换成无药清水。

（2）接收

◆ 雏鸡到达育雏舍后，依次将雏鸡按照每笼预定的鸡数尽快装入笼内（标准：1周龄内，平养20~30只/米^2；笼养50~60只/米^2）。

◆ 如果雏鸡经过长途运输，饮水的同时可开食。

◆ 通风：进雏当天以保温为主，通风为辅，可适当采取间断性通风，通风前升高舍温1~2℃。

（3）注意事项

◆ 舍内光照应均匀，若底层笼内光照强度太小（光线太暗），可适当在底层增加一个灯泡补充光照，灯泡距离下层笼50厘米。

◆ 注意观察每只鸡，将体质较弱的雏鸡挑出，单笼饲养。

◆ 使用煤炉的养殖户要防止煤气中毒。

◆ 水中或料中加药时，剂量要准确、搅拌均匀，以免雏鸡药物中毒。

◆ 严禁外来人员来舍参观，防止交叉感染。

◆ 如进雏当天进行了弱毒苗免疫，不能带鸡消毒；夜间可在地面洒消毒液。

5. 雏鸡的饲养

雏鸡的饮水

接雏后尽快让其饮水①。饮水应早于喂料，水温应达到室温为宜。

（1）饮水方法　雏鸡进入育雏舍后首先要饮水，1～2小时后再开食，对于体弱的雏鸡可用滴管逐个给雏鸡滴嘴，或用手抓握雏鸡头部，使喙部插入水盘饮水2～3次，进行强迫饮水。

◆ 初饮时可在水中加8%的葡萄糖或蔗糖，以后可添加抗生素、多维和电解质营养液饮2～3天，前3天饮用凉温水。

◆ 长途运输的雏鸡，应以饮用口服补液盐水更好（口服补液盐水的配制是每20千克水添加氯化钾15克、葡萄糖220克、碳酸氢钠25克、食盐35克）。

◆ 要防止断水、缺水。应该做到饮水供给不断，雏鸡可随时自由饮用②。

◆ 饮水器要分布均匀，饮水器的高度和大小要根据雏鸡周龄进行调整和更换，育雏开始的几天水槽或饮水器要随时加满。

◆ 雏鸡的饮水必须符合生活饮用水的卫生标准，饮水器每天清洗1～2次，并用药物进行消毒。

（2）饮水量　水的消耗受环境温度和其他因素影响很大，炎热天气尽可能给雏鸡提供凉水，寒冷的冬季应给予不低于18℃的温水。

①出雏后的幼雏腹部卵黄囊内部还有一部分卵黄尚未吸收完，这部分营养物质要3~5天才能基本上吸收完。雏鸡饮水能加速卵黄囊营养物质的吸收利用，对幼雏生长发育有明显的效果。同时，雏鸡在育雏室的高温条件下，因呼吸蒸发量大，需要饮水来维持体内水代谢的平衡，防止脱水死亡。

②间断饮水会使鸡只干渴，造成抢水，容易把一些雏鸡挤入水中淹死，或身上沾水后冻死。

表5-6　不同周龄雏鸡在不同气温下的需水量（升/100只）

周龄	≤21.2℃	32.2℃
1	2.27	3.30

（续）

周龄	≤21.2℃	32.2℃
2	3.97	6.81
3	5.22	9.01
4	6.13	12.60
5	7.04	12.11
6	7.72	13.22

雏鸡的饲喂

(1) 开食时间[1] 正常情况下，雏鸡在孵出后24~36小时开食为宜，一般做法是把雏鸡放入育雏栏后，让其先休息一会并饮水之后1~2小时再开食。

(2) 开食办法 开食应选择浅平开食盘或将塑料布(厚纸)铺在地面或网上，开始饲喂时面积要足够大，以便所有的雏鸡能同时采食。开食饲料应均匀地散布开，并增加光亮度，以使雏鸡易于见到和接触到饲料，便于诱导采食[2]。

应尽力争取在一天之内使所有的雏鸡都开食，为培育整齐的鸡群打下良好的基础。

对少数不会采食的雏鸡要耐心诱导，方法有两种：一是抓几只已开食过的小鸡作引导，引导小鸡见到食物后会低头不停地啄食，其他小鸡会模仿跟随试探啄食，慢慢走向饲料频频啄食；二是边撒食，边用“吧吧……吧吧”的声音信号呼唤雏鸡向前，小鸡能跟随人的声音和撒食声音去寻找食物，很快地建立起条件反射。

开食料要少喂勤添，以刺激雏鸡食欲。最初的几天，每隔3小时喂1次，每昼夜8次；以后随着日龄增长逐步减少到春、夏季每天6~7次，冬季、早春每天5~8次。3~8周龄时改为夜间不喂，每天4小时1次，即每昼夜4~5次。

①开食是指雏鸡出壳后第一次吃料。雏鸡孵出后，体内蛋黄还没有完全吸收，肠胃发育还不宜于消化饲料，蛋黄仍能满足一定时间的营养需要，刚出壳的雏鸡喜欢沉睡，还没有求食表现，因此，不能开食太早。但也不能太晚开食，开食过晚会消耗雏鸡体力，影响生长发育。

②初生雏有天生的好奇性和模仿性，只要有少数雏鸡啄食，其他雏鸡就会跟着学习啄食。

表 5-7　雏鸡喂料的建议方案

周龄	喂料次数	喂料时间			
1	8	5：00 17：00	8：00 20：00	11：00 23：00	14：00 2：00
2	6	5：00 17：00	8：00 20：00	11：00	14：00
3～6	4	5：00	8：00	11：00	14：00

鸡对颗粒物质感兴趣，为吸引雏鸡开食，建议育雏第一周选择颗粒破碎料，以后再逐渐过渡到粉料。

育雏的第一天要多次检查雏鸡的嗉囊，以鉴定是否已经开食和开食后是否吃饱，雏鸡采食几小时就能将嗉囊装满，否则就要查清问题所在，并及时纠正，杜绝个别雏鸡“饿昏”与“饿死”现象出现。

(3) 饲喂空间　为保证雏鸡吃饱吃好，必须备足料槽，保证喂食时雏鸡都能站在料槽边。料槽不足时，必然有一些弱雏、胆小的雏鸡站立一边，吃不上料或吃强鸡的剩料，导致雏鸡生长发育参差不齐，出现较多的弱雏。

雏鸡生长到 2～3 日龄后逐渐加料槽，待雏鸡习惯料槽时撤去开食盘或塑料布，0～3 周龄使用幼雏料槽，4～6 周龄使用中型料槽，6 周龄以后逐步改用大型料槽。料槽的高度应根据鸡背高度进行调整，这样既可防止雏鸡食管弯曲，又可减少饲料浪费。

(4) 喂料量[①]　雏鸡饲料营养要全面，饲喂量要恰当，还要求能达到各个品种的生长发育指标。

①按照正常耗料量饲喂，如果长时间采食不完，应立即查找原因。也许是突然改变饲料，雏鸡不能立即适应；或者是饲料腐败变质；也可能是雏鸡感染疾病，处于潜伏期。这几种情况都要及时处理。

表 5-8　不同品种雏鸡体重和采食量

周龄	白壳蛋鸡		褐壳蛋鸡		小型蛋鸡	
	体重（克）	日采食量（克）	体重（克）	日采食量（克）	体重（克）	日采食量（克）
1	60	13	65	16	65	8
2	110	18	130	24	125	12

（续）

周龄	白壳蛋鸡		褐壳蛋鸡		小型蛋鸡	
	体重（克）	日采食量（克）	体重（克）	日采食量（克）	体重（克）	日采食量（克）
3	170	24	200	29	170	15
4	240	28	290	36	230	18
5	330	34	390	41	280	21
6	420	38	500	46	340	24

图 5-7　雏鸡的饮水和采食

(5) 补饲砂砾[①] 可以将补喂的砂砾投入料中，也可以装在吊桶里供鸡自由采食，通常 1 周后开始自由采食。

①因为鸡没有牙齿，补喂砂砾可以促进肌胃的消化功能，还可以避免肌胃逐渐缩小。

6. 雏鸡的管理

温　　度　育雏期最关键的管理技术是温度的调控[②]。

(1) 平面育雏给温技术　育雏温度包括育雏室的温度和育雏器的温度。室温比器温要低，育雏室温度一般在 28℃左右，保温伞下的温度为 33～35℃，以后每周下降 2～3℃。因不同的育雏方式给温方法也不同，但一定要掌握平稳、均衡的原则，防止忽高忽低。温度突然变化易引起雏鸡感冒，降低抵抗力，诱发其他

②雏鸡体温调节机能尚不完善，对外界温度的变化很敏感。温度过高，雏鸡的体热和水分散失受到影响，食欲减退、大量失水、代谢受阻、生长发育缓慢、体质

疾病。

(2) 笼育给温技术　笼饲育雏中普遍使用电热育雏笼或育雏、育成兼用笼。具有电热设备的育雏笼，开始时笼内温度可以控制在 30～31℃。因雏鸡密度大，相互之间有体热传导，以后每周可下降 2℃。但也要注意根据季节、天气变化及雏鸡的表现适当地升高或降低 1～2℃。用没有加热设备的育雏笼育雏时，要提高整个育雏室温度，将室温提高至 31～32℃，以后每周降温 2℃，直到脱温。

(3) 高温育雏技术①　目前常用的给温方法是高温育雏。高温育雏能有效地控制雏鸡白痢病的发生和蔓延，对提高成活率效果明显。实践证明，育雏小环境的温度可以有高、中、低之分，这样一方面可促进空气对流，保持空气清新；另一方面雏鸡也可以根据自身的生理需要，自由选择合适的温度，扩大了活动范围，可以增强雏鸡的抗病力和对环境的适应能力。

表 5-9　雏鸡要求的适宜温度（℃）

周龄	日龄	笼养		平养	
		供温区温度	舍内温度	伞下温度	舍内温度
1	1～3	32～34	24～22	34	24
1	4～7	21～32	22～20	32	22
2	8～14	30～31	20～18	30	20
3	15～21	27～29	18～16	27	18～16
4	22～28	24～27	18～16	24	18～16
5	29～35	21～24	18～16	21	18～16
6	36～140	16～20	18～16	16～20	18～16

注：夜间气温低，育雏温度比白天应提高 1～2℃。

(4) 看鸡施温②　育雏时温度高低可通过观察温度计数值来适时调整舍温，但是衡量方法除参看室内温度表外，主要应采取“看雏给温”的方法。温度正常时，雏鸡活泼好动，食欲良好，饮水适度，粪便正常，睡眠静，

虚弱、抵抗力下降，易感冒或感染呼吸道病和发生啄癖，死亡率升高；温度过低，雏鸡不能维持体温平衡，相互拥挤扎堆，由于相互挤压，导致部分鸡呼吸困难，甚至死亡。

①就是在雏鸡1～2周龄，采用比常规育雏温度高2℃左右能给温方式育雏。

②雏鸡对温度反应非常敏感，不同温度条件下有不同的状态反应，通过雏鸡的行为状态调整育雏舍的温度，就称之为看鸡施温。

无异常叫声，在育雏室内分布均匀。温度偏高时雏鸡远离热源，伸翅张嘴，呼吸增加，发出吱吱的叫声；温度低时，雏鸡聚集在一起，靠近热源，行动迟缓，颈羽收缩、直立，常发出叽叽的叫声。

表 5-10 雏鸡在不同温度条件下的表现

温度情况	雏鸡表现
温度适宜	雏鸡精神活泼，食欲良好，分布均匀，睡觉时全身舒展
温度过高	雏鸡远离热源，张口呼吸，频频饮水
温度过低	雏鸡聚集热源周围或扎堆，全身紧缩，发出尖叫

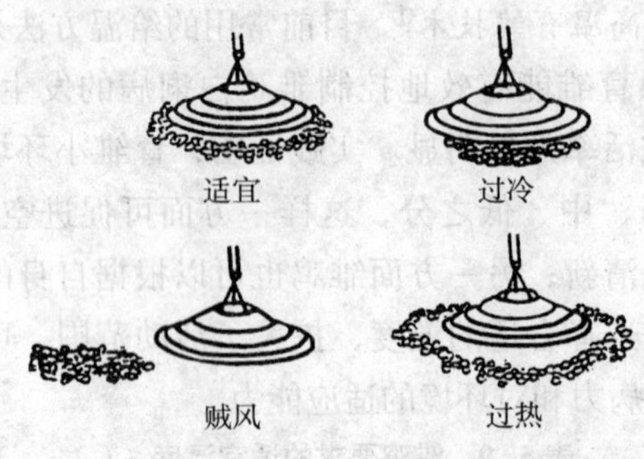

图 5-8 看鸡施温示意图

(5) 脱温[1] 随着雏鸡长大，当室内温度降到与室外温差不大时，可进行脱温，即用 3～5 天的时间，逐渐撤离保温设施，让雏鸡在外界气温条件下生活。

(6) 舍温控制与通风 进雏 3 天内遵照“保温为主，通风为辅”的原则。可适当采取间断性通风，但通风前应升高舍温 1~2℃。

3 天后仍然以保温为主、通风为辅，可采取间歇式通风换气，有风机条件的每天可排风 3~5 次，每次 5~10 分钟，以保持空气新鲜。

1 周后可逐步适当增大通风口面积，加大通风量，保证鸡舍空气清新、无异味。

笼育不同于平面育雏，需要及时通风换气，同时应

①脱温不能太快，防止雏鸡不能适应变化而感冒。脱温要避开各种逆境（如免疫、转群、更换饲料等的不良刺激），在鸡群健康无病时进行。最后脱温的日子要选择风和日暖的晴天。脱温后雏鸡的鸡舍内保持干燥，料槽、饮水器等设备尽量维持原来的状态，以减轻雏鸡不适的感觉。

注意通风后可能会造成各层之间出现温差。如果采用机械通风的方法，尽量采用纵向通风方式。

密　　度

合理的饲养密度①是鸡群发育整齐的先决条件，密度过大，鸡群活动困难、采食不均，易感染疾病和发生啄癖，弱雏也易被挤压致死，死亡率增加；密度过小，不利于保温，同时房舍的利用率也不高、不经济。

◆ 饲养密度与饲养方式的关系比较密切，一般来讲，网上饲养密度比地面散养大些，可以多养 20%～30%的鸡。而笼养又比网上平养多，可多达到 200%。

◆ 不同品种的鸡体型不同饲养密度也有差异。饲养兼用型鸡比蛋用型鸡密度要小些，褐色蛋鸡比白色蛋鸡密度要小些，通常减少 20%左右。

◆ 随着雏鸡日龄增长及时调整饲养密度，要将大小、强弱不同的雏鸡分群饲养。

①每平方米面积容纳的鸡数称饲养密度。密度大小应随鸡的品种、日龄、通风、饲养方式等的不同而进行调整。

表 5-11　不同育雏方式雏鸡饲养密度

周龄＼密度（只/米²）	笼　养	网上平养	地面平养
1～3	50～60	40～50	20～30
4～6	20～30	15～20	10～15

注：饲养密度应随品种、日龄、通风、饲养方式、鸡舍结构等调整。

光　　照

育雏期的光照原则②：

◆ 随着雏鸡日龄增长，每天光照时间要保持一定或稍减少，不能增加。

◆ 育雏前 3 天采用强光，以后采用弱光，2 周以后避免强光照，照度以雏鸡能看见采食为宜。

◆ 光照时间只能减少，不宜增加。

◆ 补充光照不要时长时短，以免造成光照刺激紊乱

②合理的光照可以加快鸡只新陈代谢，增进食欲，有助于钙、磷的吸收，促进雏鸡骨骼的发育，提高机体免疫力，是保证雏鸡健康生长的重要条件之一。

失去作用；黑暗时间避免漏光。

表 5-12　育雏期密闭鸡舍光照程序

周龄	日　龄	光照时间（小时）	照度（勒克斯）
1	1～3	24	60
1	4～7	22	30
2	8～14	20	20
3	15～21	18	10
4	22～28	16	10
5	29～35	14	10
6	36～42	12	10

通　风①

①通风可调节温度、湿度、空气流速，排出有害气体，保持空气新鲜，减少空气中尘埃密度，降低鸡的体表温度，同时可以减少鸡呼吸系统疾病的发生。

◆ 进雏 3 天内应遵照“保温为主，通风为辅”的原则，采取间歇式通风换气，保持空气新鲜。

◆ 从第 4 天起，应注意舍内的通风换气，适当增大通风口面积，有风机条件的每天可排风 3~5 次，每次 5~10 分钟。

◆ 以后应根据育雏舍内有害气体浓度和温度、湿度情况决定是否加大通风量，注意保持鸡舍空气清新、无异味。

◆ 以人员进入鸡舍后不刺眼、不流泪、不呛鼻，无过分臭味、异味为宜，否则应当通风换气。

◆ 通风换气除与雏鸡的日龄、体重有关外，还要随季节、温度的变化而调整。

表 5-13　密闭式鸡舍雏鸡通风量的计算［米^3/（只・分）］

周龄	白鸡	褐鸡	周龄	白鸡	褐鸡
2	0. 012	0. 015	12	0. 069	0. 088
4	0. 021	0. 021	14	0. 080	0. 100
6	0. 032	0. 044	16	0. 088	0. 116
8	0. 045	0. 062	18	0. 092	0. 122
10	0. 058	0. 076	20	0. 100	0. 131

➡ 自然通风的密闭鸡舍，要根据舍内温度和外界气温的高低逐步进行开窗通风，顺序是：南上窗—北上窗—南下窗—北下窗—南北上、下窗，在保证鸡舍温度的前提下，尽量保持室内空气新鲜。

➡ 机械通风的密闭鸡舍，在5日龄后启动风机，每次启动时间不能太长，次数可随育雏日龄增大而增加。

湿　　度①

◆ 相对湿度的控制原则是前期不能过低，后期不能过高；前期注意加湿防止干燥，后期注意防潮。

◆ 10日龄前雏鸡适宜的湿度为65%~70%，10日龄后为55%~60%。

◆ 常用补湿方法有放置湿草捆、水盆等，也可向舍中喷雾（可喷消毒剂）。

◆ 温度适宜时，人进入育雏室有湿热感，不会感到鼻干口燥，雏鸡脚爪润泽、细嫩，精神状态良好，鸡群振翅时基本无尘土飞扬。如果人进入育雏室感觉鼻干口燥，鸡群大量饮水，鸡群骚动时尘土四起，说明育雏室内湿度偏低。

①湿度过高，影响雏鸡水分代谢，不利于羽毛生长，易感染病菌和原虫等，尤其是球虫病。湿度过低，易使雏鸡感冒，影响卵黄吸收，造成灰尘飞扬，诱发呼吸道疾病，严重时导致雏鸡脱水死亡。

表5-14　育雏的适宜湿度范围及高、低湿度极限值（%）

日　龄	适宜湿度	最高湿度	最低湿度
0～10日龄	70	75	50
11～30日龄	65	75	40
31～45日龄	60	75	40
46～60日龄	50～55	75	40

◆ 随着雏鸡日龄的增加，排粪量增加，水分蒸发多，环境湿度增大，要注意防潮。尤其要注意经常更换饮水器周围的垫料，以免腐烂、发霉。

断　　喙②

（1）断喙时间　一般在雏鸡6~10日龄进行第一次

②断喙就是用断喙器或剪刀、烙铁等器具将鸡喙的一部分断去。实行断喙是为了防止啄癖和减少饲料损失。

断喙。多数鸡只可以一直保持较理想的喙型。如果断喙效果不理想，要在育成阶段再进行一次修喙。

6~10日龄期间要进行新城疫和传染性法氏囊病等的免疫，要和断喙错开2天以上。如果雏鸡发生啄斗并有出血现象，要立即进行断喙。

(2) 断喙方法　使用断喙器断喙，饲养人员一手握鸡，拇指置于鸡头部后端，轻压鸡头部和咽部，使鸡舌头缩回，以免灼伤舌头，如果鸡龄较大，另一只手可以握住鸡的翅膀或双腿。精密动力断喙器有直径4.0毫米、4.3毫米和4.75毫米孔眼。将喙插入断喙器孔眼，所用孔眼大小应使烧灼圈与鼻孔之间相距2毫米。上喙断去1/2，下喙断去1/3。然后在灼热的刀片上烧灼2~3秒钟，以止血和破坏生长点，防止以后喙尖长出。

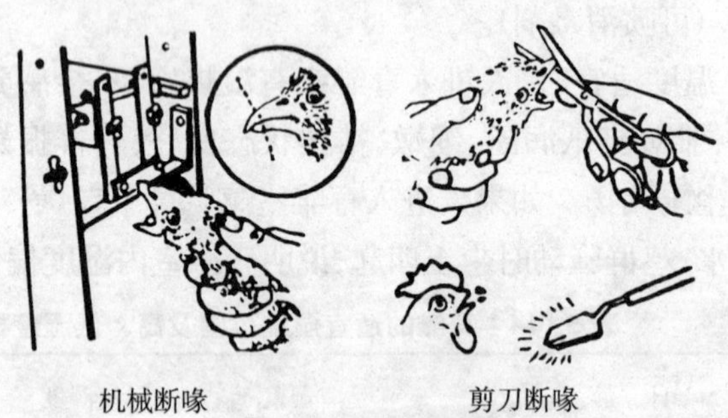

机械断喙　　剪刀断喙

图5-9　断喙示意图

蛋鸡雏鸡断喙位置　　理想断喙效果图

图5-10　断喙效果示意图

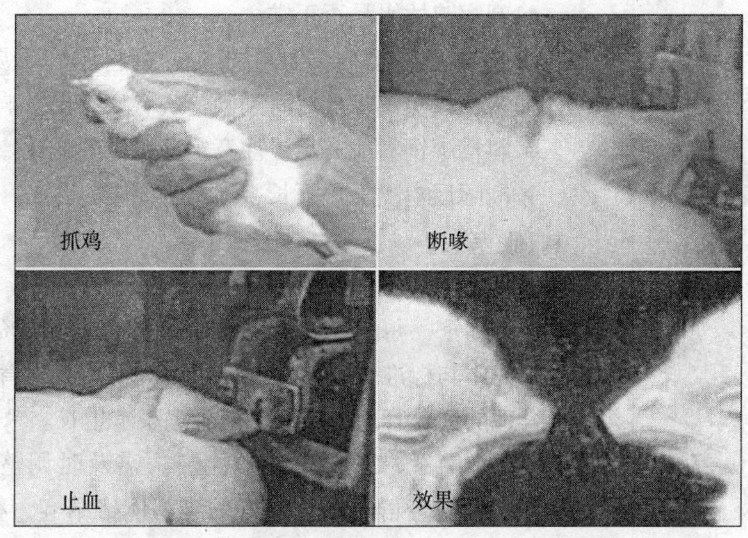

图 5-11　断喙流程示意图

(3) 断喙注意事项

◆ 断喙前保证鸡只健康无病，尽量避开免疫时间。

◆ 在断喙前后 3 天，每千克饲料加 2～3 毫克维生素 K；或供给含维生素 K_3 的饮水（在每 10 升水中添加 1 克维生素 K_3），以防止出血。

◆ 断喙前半小时应切断保温伞电源或将舍温降低 2～3℃。

◆ 断喙的同时避免其他的应激。调节好刀片的温度，熟练掌握烧灼的时间，防止烧灼不到位引起流血。

◆ 发现止血效果不理想，喙部仍流血的雏鸡，应及时抓出重新灼烧止血。

◆ 及时更换新刀片，通过刀片颜色（避光情况下）判断刀片温度，一般刀片颜色应达到樱桃红色（约 600℃）。

◆ 断喙后要降低光照强度和室温，防止互相啄喙，影响伤口愈合。

◆ 观察鸡饮水是否正常。

◆ 断喙后食槽内多加一些料，饲料厚度不要少于3～4厘米，以免鸡啄食时碰到硬槽底有痛感而影响吃料。

◆ 料槽中饲料应充足，注意鸡采食量的变化。

◆ 断啄后鸡嘴上短下长，才符合要求。

其他管理措施

（1）称重　每周末对鸡只称重，随机抽测5%～10%的雏鸡样本与标准体重比较，以了解鸡群生长发育情况，制定合理的饲养管理措施，保证雏鸡正常生长。

（2）分群管理　随着雏鸡生长，需及时调整密度，根据体重情况分群。发育良好的雏鸡体格结实，精神活泼，体重大小合适，绒毛整洁，色素鲜浓，长短合适。随时挑出弱鸡，单独喂养，给予高水平营养。及时处理啄羽、啄肛鸡，杜绝啄死鸡的现象发生。夜间设值班人员，防止野兽、老鼠等侵害，注意防火。

（3）清粪　要勤换鸡舍地面垫料，第10天左右开始第一次清粪，一般每隔5天清一次。可视季节、鸡数、温度、粪便气味而定，以保持舍内清洁、无氨味、臭味为目的，创造良好的环境以促进雏鸡的生长发育。清粪后先用清水冲洗地面，再用火碱水拖地，用消毒药喷雾。

（4）记录　记录雏鸡每天的采食量，雏鸡病、残、死亡变动情况，免疫、喂药、称重情况等。育雏结束后，计算雏鸡成活率和育雏成本。

疾病控制

雏鸡抗病力弱，容易感染病原和发生各类疾病，为保证雏鸡健康，应通过严格的检疫、防疫、免疫措施，控制疾病的发生，并在管理上注意以下几点：

◆ 搞好鸡舍卫生，保持地面清洁。要及时清理粪便，定期清洗水槽、料槽和进行环境消毒，保持地面干燥，避免寄生虫和病原微生物的繁殖。

◆ 严格执行免疫程序。接雏后要根据当地疫病流行情况制定科学的疫苗免疫程序，并认真执行。

◆ 注意饲料品质和保存。要保证雏鸡饲料新鲜，防止饲料发霉、变质。

◆ 对病弱雏严格淘汰。对发病但不太严重的雏鸡进行隔离治疗，对不易存活的病弱雏坚决淘汰。

◆ 开展药物预防。在饲料中适当添加多种维生素，定期投药预防球虫病、传染病的发生。

雏鸡日常管理要点

◆ 人员进入育雏舍要严格消毒，更换舍内工作服。

◆ 经常观察鸡群活动规律，检查温度是否适宜。

◆ 观察鸡群健康状况，发现病鸡及时治疗。

◆ 检查料槽、水槽是否有料、有水，高度是否适宜，饮水是否清洁。

◆ 经常检查粪便，查看有无稀便、血便发生。

◆ 检查垫草是否干燥，发现问题及时添加更换。

◆ 检查空气是否新鲜，出现异味及时通风。

◆ 检查鸡群密度是否合适，定期疏散鸡群。

◆ 检查光照是否适宜。

◆ 观察有无啄癖发生，适时进行断喙。

◆ 按时接种疫苗，检查免疫效果。

◆ 按时抽查体重，掌握生长发育情况。

◆ 加强夜间值班，细听鸡只有无呼吸系统疾病，防止鼠害和其他意外发生。

◆ 随时查看鸡群，尤其第一周，对雏鸡的分布、精神、粪便情况、温度、通风、光照等经常观察，发现问题及时纠正。

◆ 调整鸡群密度，做好扩群工作。

◆ 定期抽样称重，掌握鸡群的生长发育情况，调整饲料用量。

◆ 做好抗体检测和疫苗接种，并预防接种后的应激反应。

◆ 做好卫生消毒工作，预防球虫病、大肠杆菌病、沙门氏菌病等的发生和流行。

◆ 做好转群准备工作，6～8周龄转到育成舍。

7. 育雏失败的原因分析及对策

表 5-15 育雏失败的原因分析及对策

现象	可能的原因	对策
第一周死亡率高	①细菌感染：大多是由种鸡垂直传染或种蛋保管过程中及孵化过程中卫生管理上的失误引起； ②环境因素：第一周雏鸡对环境的适应能力较低，温度过低时鸡群扎堆，部分雏鸡被挤压窒息死亡；某段时间温度控制失误，可能引起雏鸡腹泻、感染疾病死亡	①从卫生工作管理较好的种鸡场进雏； ②控制好育雏环境； ③育雏期使用一些药物预防常发的细菌病
体重达不到标准	①饲料营养水平太低； ②育雏温度过高或过低； ③鸡群密度过大； ④光照时间不足； ⑤感染球虫病或大肠杆菌病等。	①供给优质的饲料； ②进行科学有效的管理； ③保证合理的饲养密度和光照制度； ④提前用药预防雏鸡各阶段的常发病。
雏鸡发育不整齐	①饲养密度过大，鸡群采食、饮水不足； ②饲养环境控制失误，温度忽高忽低，鸡群产生严重的应激； ③疾病的影响； ④断喙失误，部分雏鸡喙留得过短； ⑤饲料营养不足，饲料中某种营养素缺乏或某种成分过多，造成营养不均衡	①提供适宜的饲养环境； ②饲养密度要合适； ③保证鸡群均匀采食； ④要适时断喙，且断喙要准确； ⑤定期进行随机抽样称重； ⑥及时合理地调群，及时挑出体质较弱、个体较小的鸡集中饲养，推迟换料时间，使其尽快达标，以提高鸡群整体均匀度

六、育成鸡的饲养与管理

目标

- 了解育成鸡的培育目标、生理特点
- 熟悉育成鸡的转群管理和开产体重的调控
- 掌握育成鸡的饲养和管理技术
- 了解育成鸡体重、胫长的测量与群体均匀度

1. 育成鸡的培育目标

育成期①是蛋鸡为产蛋期高产奠定基础并达到体成熟和性成熟的关键生长阶段，合格的育成鸡群是高产、稳产的基础。如果新育成的母鸡质量好、体质健壮，进入产蛋期后，就能获得较好的产蛋成绩。

育成鸡饲养目标是培育适时的开产日龄、标准的开产体重和健康体质的育成鸡。具体表现为以下几个方面：

◆ 发育良好，体型②体重达标：育成鸡达到18周龄时，应体质健壮，体型紧凑、似V形，精神活泼，食欲正常，体重、体型和骨骼发育符合品种要求且均匀一致，胸骨平直而坚实，脂肪沉积少而肌肉发达，骨骼坚实、发育良好，无多余脂肪。

◆ 健康无病：育成鸡应体质体况良好，健康无病，育成期死淘率应不超过5%；

①7～20周龄为蛋鸡的育成期，育成期的鸡称为育成鸡或后备鸡、青年鸡。

②体型＝体重＋骨架，也就是说体型是体重和骨架的综合体现。一般体重在标准范围内、骨架大小适中，方可称为理想体型。

①群体整齐度，也称均匀度，主要包括体型、体重、性成熟三个方面。在实际生产当中，以体重的均匀度最为重要，是衡量鸡群正常生长情况的一项指标。

◆ 鸡群体型体重的整齐度[①]良好：至少80%以上的鸡体重、胫长在标准上下10%范围以内。体重、胫长一致的育成鸡群，成熟期比较一致，达50%产蛋率后可迅速进入产蛋高峰，且持续时间长。20周龄时，高产鸡群的育成率应能达到96%。

◆ 体成熟和性成熟同步：体成熟和性成熟能否同步进行对于后备母鸡极为重要，只有体成熟和性成熟一致，才能充分发挥本品种的遗传潜力。要求产蛋率达50%的日龄符合标准（150日龄左右），过早过晚都会影响产蛋期的生产性能，应通过饲料营养及光照时间进行控制。

2. 育成鸡的生理特点

育成期阶段的鸡仍处于生长迅速、发育旺盛的时期，机体各系统的机能基本发育健全，其生理特点包括以下几个方面：

◆ 具备调节体温的能力：雏鸡4～5周龄经换羽后已长出成羽，全身羽毛丰满，具备了调节自身体温和适应环境的能力，以及较强的生活力。

◆ 消化能力日趋健全，代谢旺盛：消化能力日趋健全，采食量与日俱增，营养代谢旺盛，钙、磷吸收、沉积能力不断提高，骨骼、肌肉发育处于旺盛时期，脂肪沉积能力随日龄增长而增大，易出现鸡体过肥。

◆ 体重增长速度快：体重增长速度随日龄增加而逐渐下降，但绝对增重幅度最大。12周龄以前是鸡一生中体重增长相对最快的时期，内脏器官和消化道长度随体重同步变化。骨骼在最初10周内发育最快，8周龄时骨骼发育到成年骨骼的75%，12周龄时达到90%。12周龄后，各器官发育已近健全，体增重速度减缓，胸肌明显增厚，腹脂随日龄增加而逐渐沉积。

◆ 对光照异常敏感：12 周龄以后对光照时间长短的反应非常敏感，不限制光照，将会出现过早产蛋等情况；

◆ 卵巢滤泡迅速发育，母鸡逐渐性成熟：小母鸡从第 11 周龄起，卵巢滤泡渐渐增大。16 周龄后小母鸡逐渐性成熟，肝脏、卵巢、输卵管快速增长，钙质贮备增加。18 周龄以后性器官发育更为迅速，卵巢重量可达 1.8 ~ 2.3 克，即将开产的母鸡卵巢内出现成熟滤泡，使卵巢重量达到 44 ~ 57 克。

图 6–1　立体笼养的育成鸡

图 6–2　18 周龄育成鸡

◆ 羽毛生长更新速度快：蛋鸡在产蛋前羽毛生长极为迅速，在 4 ~ 5 周龄、7 ~ 8 周龄、12 ~ 13 周龄、18 ~ 20 周龄分别脱换 4 次羽毛，其中育成期需要脱羽 3 次。

3. 育成鸡的转群管理

转群前的管理

◆ 转群前应对育成舍进行全面的熏蒸消毒，所用各种饲养器具也要进行全面的消毒处理。

◆ 转群前 6~12 小时停止喂料，但不停止供水。

◆ 转群前将鸡舍温度降低到待转入鸡舍温度，防止转群前后舍内温差过大导致转群环境应激。

◆ 转群前将体重较小的鸡只挑选出来，单独饲养。

转群时的管理

◆ 转群时做好防疫工作，防止人员、车辆、物品等传播疾病。

◆ 对转群使用的车辆、物品、道路等彻底消毒一遍。

◆ 转群时间选择：夏季宜在天气凉爽的早晨进行，冬季在天气暖和时进行，避免在刮风、雨雪天气转群。

◆ 转群前后在饲料中添加抗应激药物。

◆ 规范抓鸡、拎鸡和装鸡动作，做到轻抓轻放，避免对鸡只造成伤害。

转群后的管理

◆ 转群后 1 周内，密切观察鸡群饮水和采食是否正常，以便及时采取措施。

◆ 及时调整鸡群，将体重偏小和体况不好的鸡只挑出来，单独饲养。

4. 育成鸡的饲养

日粮过渡

雏鸡料和育成鸡料在营养成分上有较大的区别，从育雏期到育成期，饲料的更换是一个很大的转折，一般从 7 周龄开始逐渐更换。

（1）换料种类及时间　大约 7~8 周龄将雏鸡料换成育成鸡料，16~17 周龄将育成鸡料换成产蛋前期饲料。

育成期饲料的更换应主要以体重和胫长指标为准。在 6 周龄和 16 周龄末，分别测量鸡的体重及胫长是否达到标准（没有胫长标准的品种，可参考同类型鸡），达标后更换饲料；如果体重不达标，可推迟换料时间，但不应晚于 9 周龄末和 17 周龄末。

表 6-1 育成鸡逐渐换料程序

日程安排	雏鸡料＋育成料
第1～2天	2/3 1/3
第3～4天	1/2 1/2
第5～6天	1/3 2/3
第7天	0 1

(2) 换料注意事项 ①换料时间以体重为参考标准。②换料至少应有一周的过渡时间。

分群管理 6周龄末根据体重大小将鸡群分为三组：超重组（超过标准体重10%）、标准组、低标组（低于标准体重10%），对低标组的鸡群可在饲料中增加多维或添加0.5%的植物油脂，对超标组的鸡群限制饲喂。

采食与饮水[①] 从鸡的一生来看，育成期体况变化最大，这就要求在饲养过程中不断进行调整，才能满足其生长发育的需要。随着鸡日龄的不断增加，逐渐分散鸡群，随时调整饲料槽、水槽的数量及高度，以保证足够的采食、饮水空间及适宜高度。

①饮水量除与采食量、体重大小有关外，还与气温的高低有关。气温低，饮水量少；气温高，饮水量多。一般情况下，周围的环境温度越高，鸡的采食量越少，会影响机体的生长发育。

表 6-2 每百只鸡在不同气温下的需水量（升）

周龄	≤21.2℃	32.2℃	周龄	≤21.2℃	32.2℃
7	8.52	14.69	15	13.63	23.47
8	9.20	15.90	16	14.19	24.49
9	10.22	17.60	17	54.65	25.28
10	10.67	18.62	18	15.22	20.23
11	11.36	19.61	19	15.67	27.02
12	11.12	20.55	20	10.12	27.81
13	12.49	21.84	21	16.67	28.80
14	13.06	22.53	22	17.03	29.73

环境温度高时，可给鸡饮凉水并且经常更换，最好在每次喂料前换凉水。

表 6-3　蛋鸡育成期参考给料标准和体重标准

周龄	白壳品系		褐壳品系	
	体重（克）	耗料（克/周）	体重（克）	耗料（克/周）
8	660	360	750	380
10	750	380	900	400
12	980	400	1 100	420
14	1 100	420	1 240	450
16	1 220	430	1 380	470
18	1 375	450	1 500	500
20	1 475	500	1 600	550

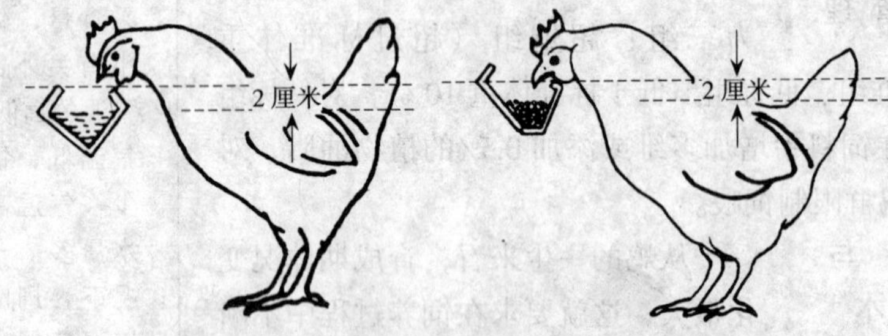

图 6-3　料槽和饮水器安装高度示意图

表 6-4　育成鸡所需饲养面积、采食和饮水空间

各项空间		笼　养	平　养
饲养面积	开放式	385 厘米²/只	7 只/米²
	密闭式	385 厘米²/只	8.5 只/米²
采食空间	料槽	8 厘米/只	8 厘米/只
	料桶	8 只/个	25 只/个
饮水空间	水杯	8 只/个	10 只/个
	乳头式	8 只/个	10 只/个
	水槽	4 厘米/只	4 厘米/只

限制饲养[①]　育成鸡在饲养期间应根据对其胫长、体重指标的监控结果，随时调整限饲日粮的营养水平或饲喂量，使育成鸡的生长发育朝着预期的方向发展。只要鸡的胫长符合规定标准，就说明其骨骼发育正常，体重能达标，育成鸡健康结实、发育匀称。

①为避免因采食过多，造成产蛋鸡体重过大或过肥，对日粮实行必要的数量限制或质量限制，称为限制饲养。

育成期体重过轻或过重、早熟和延迟成熟的鸡群[①]，产蛋量都不会达到标准水平。一般限饲可使性成熟推迟5~10天，迟产的鸡可减少产蛋初期产出小蛋的数量。

育成鸡的腹脂是在8~18周龄沉积的，这期间通过限饲能控制新母鸡腹脂的适当厚度，约为自由采食新母鸡的一半，而且可使整个产蛋期始终保持这个水平，有利于维持产蛋持久性。

为控制育成鸡适宜的开产体重，需要采取限制饲喂，要按照该品种标准，适当控制饲料质量或饲喂量。但饮水必须充足供应，同时要保证饮水的清洁卫生，每天坚持清刷一次饮水器，保持饮水器位置固定不变，而且要视环境温度对饮水温度进行适当调节。

(1) 限制饲养的目的　①节约饲料，一般蛋用型育成鸡限饲可节约饲料7%~8%，中型育成鸡限饲可节省饲料10%~15%；②控制体重增长，维持标准体重；③保证正常的体脂肪蓄积；④育成健康结实、发育匀称的后备鸡；⑤防止早熟，提高生产性能；⑥减少产蛋期间的死淘率。

(2) 限制饲养的方法　限制饲养通常从6周龄开始，7~8周龄开始生效，可使鸡体重增长与每周计划保持一致，到育成期末再进行调整会使产蛋量受到很大影响。

①限量法：先掌握鸡的正常采食量，把每天每只鸡的饲料量减少到正常采食量的90%，因每天的喂料总量随鸡群日龄而变化，故要正确称量饲料。具体实施时，要查明雏鸡的出生时间、周龄和标准饲喂量，再确定给料量。采用限量法时，日粮质量要好，否则量少质又差会使鸡群生长发育受到阻碍。

②限质法：在保障钙、磷、各种维生素和微量元素的前提下，降低饲料中粗蛋白和代谢能的含量，同时降低蛋能比。具体措施可以减少豆粕、玉米用量，增加养

①鸡育成期过重或过轻对以后的产蛋量和蛋壳质量都会产生不良影响。鸡群密度大，过于拥挤，喂料不均匀或不按标准喂料，断喙不正确，每个笼或栏内饲养鸡的数不一致，以及感染疾病时，都会造成体重均匀度差。

分含量低、体积大的原料，如麸皮、稻糠等的用量。

③限时法：隔日限饲，将两天的饲料集中在一天喂完，然后停喂一天，但应供给充足饮水，常用于体重超过标准的育成鸡；或实行每周限饲，即每周停喂1~2天。

(3) 限制饲养注意事项

①正确执行限饲方案：根据蛋鸡品系的发育标准、出雏日期、鸡舍类型及鸡场内饲料条件等，有针对性地制定限饲计划并严格执行。每次给料量要根据鸡只数量准确称量。料位、水位必须充足，料厚度要均匀，让鸡群在相同时间吃上饲料，杜绝发生鸡群采食不均的现象。

②预防应激：鸡群因防疫注射、转群、运输、断喙、疾病、高温、低温等逆境而发生应激反应时，必须暂停限制饲养，恢复正常后再行限饲。

③限制饲喂标准：要求限制饲喂的鸡比不限制饲喂的鸡群平均体重减少10%~20%，如体重减轻至30%以上或20周龄平均体重在1 050克以下，就会使以后的产蛋量减少，死亡率增高。

④不可盲目限饲：饲料条件不好，后备鸡体重较轻时，不可进行限制饲喂。我国目前饲养的蛋鸡多为体形较小的早熟高产蛋鸡品种，在鸡生长及产蛋阶段日粮中很少添加脂肪。因此，能量水平低于国外标准，使开产体重轻，在这种情况下，不要过于强调限饲，要以达到标准体重为目的。

5. 体重、胫长的测量与群体均匀度

体重测定

轻型（白壳）鸡要求从6周龄开始每隔1~2周称重一次；中型（褐

壳）鸡从4周龄后每隔1～2周称重一次。称测体重的数量大群按1%抽样，小群按5%抽样，但不能少于50只。抽样要有代表性。一般先将鸡舍内各区域的鸡统统驱赶分散，使各区域的鸡和大小不同的鸡均匀分布，然后在鸡舍任一地方用铁丝网围大致需要的鸡数，然后逐个称重登记。体重测定要安排在相同的时间，如周末早晨空腹测定，称完体重后再喂料。

对照体重增长表，根据体重增长速度，对鸡群进行扩群，将体重偏轻的鸡群放置在上层，给予特殊照顾和营养全价的饲料，促使鸡群整齐度提高。

表6-5 蛋鸡体重增长表（参考）

周龄	褐壳鸡（克）	粉壳鸡（克）	周龄	褐壳鸡（克）	粉壳鸡（克）
1	70	65	11	990	940
2	115	110	12	1 080	1 020
3	190	180	13	1 160	1 100
4	290	270	14	1 250	1 170
5	380	360	15	1 340	1 240
6	480	450	16	1 410	1 310
7	590	550	17	1 480	1 370
8	690	660	18	1 550	1 420
9	790	760	19	1 610	1 510
10	890	850	20	1 660	1 560

胫长测量

胫长[①]反映鸡骨骼生长发育的好坏，育成鸡早期骨骼发育不好，在后期将不可弥补。8周龄末，胫长未达到标准，应提高日粮中营养水平，并适当加大多维用量，同时可在每吨饲料中加入500克氯化胆碱，以促进鸡增重和提高产蛋率。

①胫长指鸡爪底部到跗关节顶端的长度，用游标卡尺测量，单位为厘米。

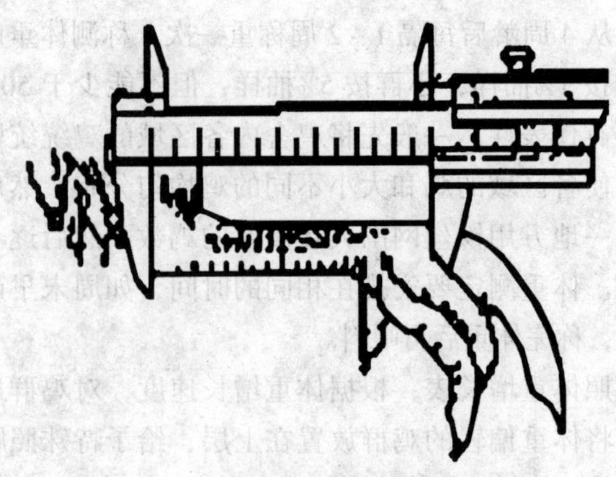

图 6-4 育成鸡胫长测量示意图

表 6-6 白壳蛋鸡育成期参考胫长 单位：厘米

周龄	轻型鸡	重型鸡	周龄	轻型鸡	重型鸡
7	85	77	14	103	103
8	89	83	15	104	104
9	93	88	16	104	104
10	96	92	17	104	105
11	99	96	18	104	105
12	101	99	19	104	105
13	102	101	20	104	105

群体均匀度① 群体均匀度是评价育成鸡群体优劣的重要指标之一。但是，均匀度必须建立在标准体重范围内，脱离了标准体重谈均匀度是无意义的。一个良好的育成鸡群不仅体重符合标准，且均匀度高。

①鸡群的均匀度是指群体中体重在平均体重±10%范围内的鸡占鸡只总数的百分比。

(1) 均匀度计算示例 某鸡群 10 周龄标准体重为 760 克，超过或低于标准体重±10%范围的体重为 760+（760×10%）=836 克和 760-（760×10%）=684 克。从 5 000 只鸡群中抽样 5%的鸡，即抽取 250 只鸡，体重在标准体重±10%（836～684 克）范围内的共有 198 只，占称重鸡总数的百分比为 198÷250=79.2%，即这群鸡的均匀度为 79.2%。

(2) 鸡群均匀度标准　均匀度 84%～90%为优秀，均匀度 77%～83%为良好，均匀度 70%～76%为合格。

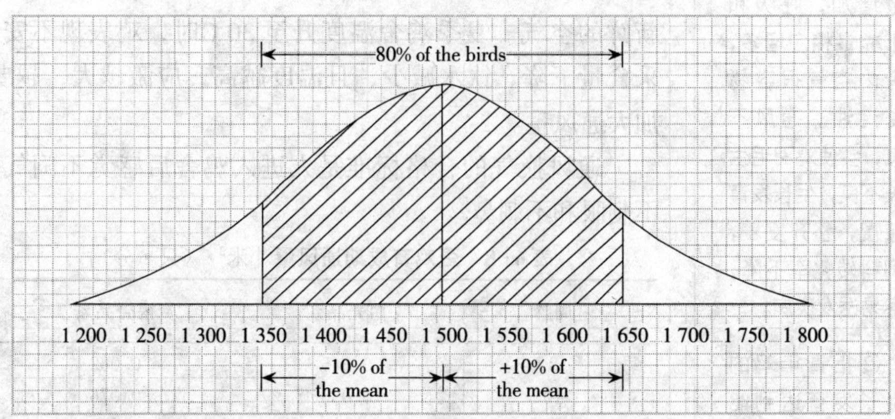

图 6-5　育成鸡体重正态分布图

6. 育成鸡的管理

饲养密度　育成鸡无论是平面饲养还是笼养，都要保持适宜的密度，才能使个体发育均匀。适当的密度可增加鸡的运动机会，促进育成鸡骨骼、肌肉和内部器官的发育，从而增强体质。

雏鸡从脱温开始就需逐渐缩小舍内饲养密度，使整个育成期一直保持适当密度。

表 6-7　蛋鸡育成期饲养密度（只/米²）

周　龄	地面平养	网上平养	立体笼养
6～8	15	20	26
9～15	10	14	18
16～20	7	12	14

①育成鸡的环境适应能力比雏鸡强，但是育成鸡的生长和采食量增加，呼吸和排粪量相应增多，舍内空气很容易变污浊。通风不良，会使鸡羽毛生长不良，生长发育减慢，整齐度差，饲料转化率下降，容易诱发疾病。

②指青年鸡的生长发育达到能够繁殖后代的状态，即公鸡能够产生成熟的精子，母鸡能够排出成熟的卵泡，并均表现有性行为。不同品种、性别和个体的鸡性成熟期不同，气候和饲养方式对性成熟期的迟早有明显的影响。

性成熟过早，就会早产蛋，产小蛋，持续高产时间短，出现早衰，产蛋量减少；若性成熟晚，推迟开产时间，产蛋量减少。

通　　风①　管理良好的开放式鸡舍，基本能保持空气的清新；密闭式鸡舍必须安装排风机，特别不能忽视夜间熄灯后开机通风。通风要适当，既要维持适宜的鸡舍温度，又要保证鸡舍内有较新鲜的空气。夏季鸡舍温度升至30℃时，鸡表现不安、采食量下降、饮水减少，且温度越高，应激越大，越要加大通风量。

通风换气的合格标准是人进入鸡舍后感觉不闷气、不刺眼和不刺鼻。

表6-8　蛋鸡育成期通风量［米^3/（只·分）］

周龄	白壳品系	褐壳品系
8	0.045	0.062
10	0.058	0.076
12	0.069	0.088
14	0.080	0.100
16	0.088	0.116
18	0.092	0.122
20	0.101	0.131

控制性成熟　不同品种与品系的母鸡各有一定的性成熟②期，产蛋率达50%的日龄，早的150天左右，晚的165天左右。

控制性成熟的主要方法，一是限制饲养，另一是控制光照。

(1) 控制光照　光照是控制蛋鸡性成熟的主要方式，前8周龄光照时间和强度对鸡只的性成熟影响较小，8周龄以后影响较大；10周龄以后，光照对育成鸡性成熟的影响越来越大；13~18周龄育成后期，鸡体的生殖系统包括输卵管、卵巢等进入快速发育期，会因光照的渐增或渐减而影响性成熟的提早或延迟。

9~18周龄的育成鸡每天光照时间以8~9小时为宜，即使是开放式鸡舍，中后期的光照时间也不能长于11小时，否则需人为控制光照。

具体光照计划应根据季节、育成舍类型和鸡的品种制定，但无论是密闭鸡舍还是开放鸡舍，只有每日光照总时数足够，而且光照时间保持稳定不变，或者处于由短逐渐延长的变化趋势，才会对育成鸡的性成熟和以后的产蛋有促进作用。

光照管理注意事项：

◆ 密闭式饲养模式下，为了保持密闭式鸡舍光照的一致，最好在鸡舍的进风口和排风口位置安装遮光罩，减少自然光照对舍内光照时间的影响。

◆ 最好通过安装微电脑时控开关保证光照时间的准确性。

◆ 育成期应注意控制光照强度，防止鸡群产生啄癖。

◆ 在17周龄增加光照前，应称重，体重达标后方可增加光照，否则应推后1~2周（最晚不晚于19周龄），待体重达标后开始增加光照。

表6-9 伊莎褐蛋鸡密闭式育成舍光照计划

日　龄	每日光照时间（小时）	光照强度（瓦/米^2）	光照强度（勒克斯）
43～49	9	1	5～10
50～56	8	1	5～10
57～98	8	1	5～10
99～105	9	3	10～30
106～112	10	3	10～30
113～119	11	3	10～30
120～126	12	3	10～30
127～133	12.5	3	10～30
131～168	每周增加0.5小时	3	10～30

(2) 限制饲养

◆ 用每天减少饲喂量，隔日饲喂或限制每天喂料时间等方法，使育成鸡在8~20周龄的采食量，轻型蛋鸡减少7%~8%，中型蛋鸡减少10%左右，这样在节省饲养费用的同时，可防止体重增长过快，发育过速，提前开产。

◆ 停止喂料，在120～140日龄，一次或两次连续停止喂料3天。开产日龄在150天的以一次为好；开产日龄在155～165天的以两次为好。两次停料不宜连续进行，在停料3天后喂1天料，再停料3天。此项措施对减轻体重效果大，不影响以后的生产性能，控制早熟，且能减少体脂，降低开产后输卵管外脱的发生率。应用此方法时。鸡群健康状况要好，管理要加强，饮水不能断。

添喂砂砾[①]

添喂砂砾要注意添加量和粒度，每1 000只育成鸡一次饲喂量，5～8周龄为4.5千克，能通过1毫米筛孔；9～12周龄为9千克，能通过3毫米筛孔；13～20周龄为11千克，能通过3毫米筛孔。砂砾除可拌入日粮外，也可以单独放在砂槽内任鸡自由采食。砂砾要清洁卫生，添喂之前用清水冲洗干净，再用0.01%高锰酸钾水溶液消毒。

①在饲料中添喂砂砾，是为了提高鸡胃肠的消化机能，改善饲料转化率；而且育成期日粮中能量与蛋白质在肌胃停留过久，会对肌胃胃壁产生一定的腐蚀作用，砂砾能加速饲料在肌胃中通过的速度，减少腐蚀性，保护肌胃的健康；防止育成鸡因肌胃中缺乏砂砾而吞食垫料、羽毛，特别是吞入碎玻璃，造成肌胃创伤。

表6-10　砂砾规格和饲喂量（1 000只/周）

周龄	数量（千克）	规格（毫米）
8～12	4.5	1.0
12～20	11.0	3.0

预防啄癖

防治啄癖也是育成鸡管理的一个重点。防治的方法不能单纯依靠断喙，应当配合改善室内环境，降低饲养密度，改进日粮水平，采用10勒克斯光照等方法。在体重、采食量正常的情况下如槽中无料，也可考虑适当缩短光照时间等，防止啄癖。

已经断喙的鸡，在14～16周龄转群前，应拣出早期断喙不当或捕捉时遗漏的鸡，进行补切。

图 6-6　育成鸡地面平养

卫生和免疫

◆ 根据不同地区、不同季节、不同批次的鸡群制定免疫方案，并严格遵守免疫程序，认真、正确接种；

◆ 接种疫苗后要检查免疫状态，监测产生抗体的滴度与均匀度；

◆ 发现寄生虫病（如蛔虫病、绦虫病或螨病），必须采取有针对性的防治措施；

◆ 定期进行灭鼠；

◆ 在转群时或天气骤冷时，应做好药物预防工作；

◆ 定期对鸡舍环境进行消毒。

7. 育成期的饲养管理和开产体重①调控管理要点

阶段管理重点　育成期管理目标：体重周周达标，为产蛋储备体能。

7~8 周龄称为过渡期。重点是通过转群或分群，使鸡只占笼面积由 30 只 / 米 ^{2} 过渡到 20 只 / 米 ^{2}。

9~12 周龄为快速生长期。重点是确保鸡群健康和体

①培育良好的育成鸡，控制适宜体重，又适时开产，可如期达到应有的产蛋高峰，且产蛋持续性好，全期产蛋量多。

重快速增长；周体增重最好超过标准，如果不达标，后期体重将很难弥补。

13~18周龄为育成后期。要密切关注体重和均匀度变化趋势。

明确开产体重目标 了解饲养品种的体重指标，按指标要求进行饲养管理。

表6-11 早熟育成蛋鸡体重指标（千克）

品系	18周龄体重	产蛋率达1%～2%体重	产蛋率达50%体重	产蛋高峰体重
白壳蛋鸡	1.25～1.35	1.45	1.55	1.65
褐壳蛋鸡	1.45～1.55	1.61	1.73	1.93

表6-12 白壳蛋鸡18周龄体重对早期产蛋性能的影响

18周龄体重（千克）	第一个蛋重（克）	25周龄体重（千克）	19～25周龄生产性能	
			产蛋率（%）	蛋重（克）
1.107	40.7	1.417	48.1	46.9
1.205	42.0	1.500	51.1	48.4
1.281	43.7	1.606	50.7	48.8
1.383	42.5	1.697	53.6	49.7

确保体重达标 确保体重达标主要应采取以下措施：保持环境稳定、适宜，特别在转群前后和季节转换时期要密切关注；及时分群，确保饲养密度适宜，不拥挤；控制饲料质量，确保营养全价、均衡。

由雏鸡舍转育成鸡舍后，如果鸡只体重不达标，可增加饲喂量和匀料次数；仍然不达标时，可推迟更换育成期料，但最晚不超过9周龄。

确保群体均匀度 管理目标为每周均匀度达到85%以上，应做到：喂料均匀，保证每只鸡获得均衡、一致的营养；采取分群管理；及时换料。

科学限饲

为防止育成鸡过早开产必须对其进行限饲，但要具备一定的条件。如在日粮能量严重不足的条件下，采用限饲技术，会使育成鸡的体重无法达到标准要求。因此，在饲养早熟品种蛋鸡时，限饲要根据所使用的日粮营养水平而定。

育成期日粮能量不足易被人们忽视，尤其是在15周龄以后，在后备鸡全价日粮中加入过多的麸皮，相对减少了能量饲料玉米的用量，能量一般达不到标准要求。为能够有效地提高育成鸡的体重，可在育成阶段日粮中添加1%~1.5%的油脂，以解决育成期日粮能量水平不足的问题。

表6-13 日粮能量水平对鸡体重和能量进食量的影响

日粮能量水平（兆焦/千克）	20周龄体重（千克）	能量进食量（兆焦）
11.08	1.320	86.19
11.50	1.378	87.86
11.92	1.422	91.21
12.34	1.489	92.47
12.76	1.468	89.54
13.18	1.468	94.14

合理控制光照

育成鸡在接受开产光照刺激之前必须达到适宜的体重。体重不足，过早进行光照刺激，提前开产的母鸡往往产蛋小，双黄蛋多，脱肛现象严重，产蛋高峰低，后劲不足，而且整个产蛋期的死亡率较高。因此，在生产中补充光照的时间要根据母鸡的体重而定，不能一概规定为19~20周龄。母鸡体重达不到标准，开始光照刺激的时间向后延迟几周是很有必要的。

◆ 育成期光照时间不能延长，建议实施8~10小时的恒定光照程序。

◆ 进入产蛋前期（一般17周龄）增加光照后，光照时间不能缩短。

调整饲养密度 鸡群的密度与母鸡体重大小有着直接的关系。在笼养条件下，转群太晚或者每只单笼饲养的数量过多，鸡只占有面积过少，都会严重影响开产时母鸡的体重。尤其在目前鸡舍环境控制不太规范的条件下，密度大对鸡群的发育及健康影响更大。

表 6-14 饲养密度对育成鸡饲料进食量和体重的影响

至21周龄母鸡饲养面积（厘米^2/只）	饲料进食量［千克/（100只·天）］	体重（千克）
222	6.9	1.279
259	7.3	1.32
311	7.62	1.338

七、产蛋鸡的饲养与管理

目标
- 了解产蛋鸡的生理特点
- 掌握产蛋鸡的转群和饲养管理方法
- 掌握产蛋鸡的阶段饲养管理和四季管理要点
- 掌握蛋鸡管理性疾病的防治方法
- 了解产蛋量下降的原因及防治对策

蛋鸡产蛋期管理的中心任务是为鸡群创造适宜的环境条件，充分发挥其遗传潜力，达到高产稳产的目的，同时降低鸡群的死淘率与蛋的破损率，尽可能地节约饲料，最大限度地获得产品，提高蛋鸡的经济效益。

为了更科学地管理产蛋鸡，通常将产蛋期划分为四个阶段：产蛋前期（18~22 周龄）、产蛋高峰期（23~40 周龄）、产蛋期（41~53 周龄）和产蛋后期（54 周龄至淘汰）。

1. 产蛋鸡的生理特点

生殖器官成熟出现第二性征 卵巢、输卵管的发育在性成熟时急剧增长。卵巢在性成熟前重量只有 7 克左右，到性成熟时迅速增长到 40 克左右。性成熟以前输卵管长仅 8~10 厘米，性成熟后输卵管发育迅速，在短时期变得又粗又长，长约 50~60 厘米。

鸡的第二性征逐步出现，鸡冠和肉髯（俗称肉垂）的形态、颜色开始变化：体积由小变大；组织变得更有弹性，手触之有温暖感；颜色由黄变粉红，再由粉红变鲜红。

临近开产的小母鸡，经常发出“咯——，咯——”长音鸣叫，鸡舍中此起彼伏，叫声不绝，俗称“咯咯蛋”。

达到性成熟 生殖机能完善 育成鸡和产蛋鸡在生理机能上最显著的差异，就是产蛋鸡生殖机能的成熟与完善。

小母鸡从16周龄左右逐渐开始性成熟[①]过程。18周龄时鸡卵巢中的初级卵泡开始发育，形成重量、大小不等的生长卵泡，其中有4~6个卵泡发育特别快，经过9~14天便可发育为成熟卵泡。

①指青年鸡的生长发育达到能够繁殖后代的状态，此时，母鸡能排出成熟的卵泡（配种后的鸡蛋可用于孵化），并表现有性行为。通常小母鸡从16周龄开始性成熟过程，到24周龄完成性成熟。

2. 产蛋鸡的转群

转群前的准备工作

表7-1 转群前的准备工作

项目	主要步骤和内容
清理鸡舍	清除舍内粪便； 彻底打扫干净。
冲洗鸡舍	用高压水枪冲洗鸡舍地面、墙壁、天花板和鸡笼等； 特别注意：冲洗墙角缝隙、笼子上面沾附的粪便以及其他设施的隐蔽之处，要注意彻底冲洗干净； 冲刷时需用清洁、无污染的水源。
修缮鸡舍	修缮蛋鸡舍屋顶、门窗等；保证水电供应正常；
检修设备	对舍内灯泡、门窗、鸡笼、鸡笼门、自动喂料机及链条、水槽、食槽、风机、水管线、水闸门、暖气片、暖气阀门等进行认真检查和维修； 对各系统进行重新调试； 对蛋鸡舍及其各种设施设备再进行一次卫生清扫。

（续）

项 目	主要步骤和内容
蛋鸡舍的消毒	再次冲洗鸡舍； 用畜禽灵或消毒灵、爱迪伏等消毒药对鸡笼、料机、料槽等金属设备进行喷雾消毒； 用1%～2%的火碱水对地面、墙壁、门窗等进行喷雾消毒； 密封鸡舍所有门、窗及风机口等； 用福尔马林对整个鸡舍密封熏蒸消毒：每立方米空间用福尔马林28～42毫升，高锰酸钾14～21克；温度应在24℃以上，相对湿度大于75%； 封闭鸡舍24小时以上，消毒完后进行舍内通风换气； 待完全除去甲醛气味后，方可转入产蛋鸡。
待转群育成鸡	免疫接种：在转群前完成鸡新城疫、减蛋综合征、禽流感灭活油苗的接种工作。 驱虫：地面平养的育成鸡，转群前要进行一次驱虫。 抗应激：在转群前3天，应在饮水中添加电解质和多维，或在饲料中添加抗应激药或多维。
人员	做好转群组织工作，明确人员分工，对员工进行培训。
饲料及兽药	准备好蛋鸡料，以及可能用的消毒药品、治疗药物等。

转 群

（1）转群时机的选择　转群日期根据生产流程而定，一般培育品种多在18周龄前后转群[①]。

转群宜在傍晚或早晨，天气较温暖和晴朗时进行。夏天转群时要避开雨天和午间气温最炎热的时间，安排在有云日或阴天进行，最好在早晚天气凉爽时进行；冬天转群时则要避开风雪天，选择在晴朗天进行。

（2）持鸡方法

◆ 正确的抓鸡方法是，抓握鸡的双胫，使鸡的尾部对着抓鸡人，适当用力，将鸡从鸡笼中抓出，见图7-1；

图7-1　手持鸡双胫示意图

①过早转群的鸡因体重小，可能从笼前网和底网的滚蛋间隙中钻出，四处乱跑，管理极为不便；过晚转群，鸡群已临近开产，捉鸡时的应激极可能造成坠卵性腹膜炎，使整个鸡群达不到应有的产蛋高峰。

◆ 装笼时，使鸡头对着笼门，将鸡放入笼中；

◆ 抓鸡时要轻拿轻放，防止扭伤，应抓鸡腿的下部，并注意每次要少抓，每人每次 2～3 只，尽量减少应激；

◆ 绝不可用拽鸡脖、拉鸡膀、扯鸡尾等生拉硬拽的方法。

转群前应做好人员培训和分工工作，对没有经验的新员工要进行示范培训。

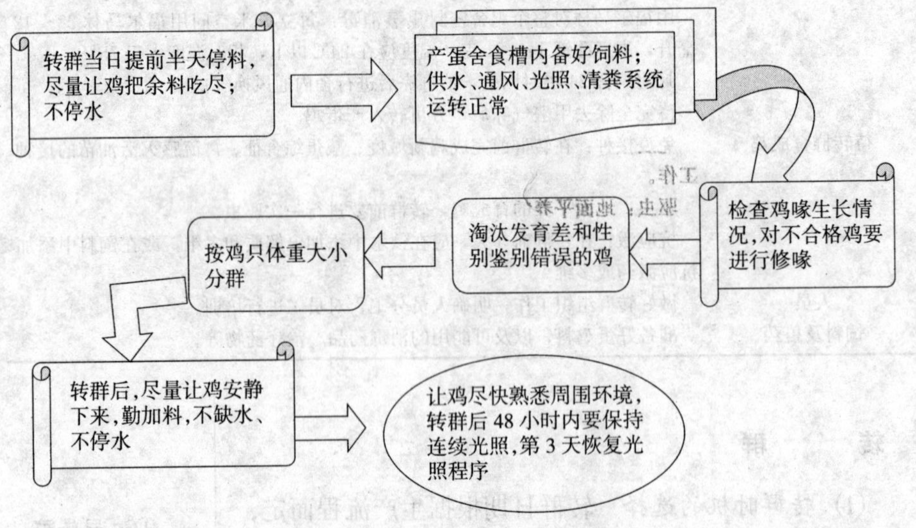

图 7-2 转群当日的管理流程

蛋鸡的个体挑选 为提高整个产蛋期的生产水平，降低死淘率，提高饲料报酬，在转群上笼时，应对个体进行严格挑选，称量体重①，测量胫长，检查体况，分群管理，适时调群②，淘汰残鸡。挑选的标准应满足如下条件：

◆ 符合本品种（系）的育成体重与体尺指标，上下不超过 10%；

◆ 体型外貌、冠、肉髯发育正常，基本符合品种（系）的标准。对看似公鸡、实则母鸡的个别鸡只或异性个体，要予以淘汰；

◆ 选择精力旺盛、活泼好动、采食力强的健康个体

①选择固定笼位称量体重，计算平均体重和均匀度，并与标准体重和均匀度对照。群体均匀度应在 85%以上。

②将体重不达标的鸡挑出后单笼饲养，单独补加营养。

上笼；

◆ 上笼 3～5 天后，由技术人员对鸡群重新进行一次调整。

转群的注意事项

◆转群时间的原则要求，在鸡开产前上笼，使之在产蛋笼内有一个适应过程。

◆为避免过大的应激，在转群前后 3 天和转群日（共 7 天），应在饮水中添加电解质和多维，或在饲料中添加抗应激药或多维，上笼后立即让鸡喝上水、吃上料。

表 7-2 应激状态时蛋鸡饲料中的维生素添加水平（每千克饲料中）

名　称	添加量	名　称	添加量
维生素 A（单位）	16 000	维生素 B_{12}（微克）	10
维生素 D（单位）	1 100	泛酸（毫克）	20
维生素 E（毫克）	20	叶酸（毫克）	1
维生素 K（毫克）	6	烟酸（毫克）	35
维生素 B_1（毫克）	2	生物素（微克）	140
维生素 B_2（毫克）	6	维生素 C（毫克）	60

◆ 通过育成期的多次调群，产蛋鸡转群后到 19 周龄末鸡群体重、均匀度应该达到较好的水平。

◆ 确实没有饲养价值的鸡只，应果断淘汰，以免增加养鸡成本。

3. 产蛋鸡的饲养管理

产蛋鸡的饲养

（1）产蛋鸡的饲养密度　产蛋鸡饲养密度直接影响着采食、饮水、活动、休息以及产蛋，所以必须保证合适的密度。饲养密度要根据饲养方式和饲养鸡的品种决定，具体要求见表 7-3：

表 7-3 产蛋鸡的饲养密度

管理方式	轻型蛋鸡		中型蛋鸡	
	只/米^2	米^2/只	只/米^2	米^2/只
垫料地面	6.2	0.16	5.3	0.19
网状地面	11.0	0.09	8.3	0.12
地网混合	7.2	0.14	6.2	0.16
笼养[a]	26.3	0.038	20.8	0.048

注：a 笼养所指面积为笼底面积。

图 7-3 平养蛋鸡和笼养蛋鸡

(2) *产蛋鸡的饲养设备和饲喂空间* 产蛋鸡舍应设置足够的料槽、水槽，并要经常刷洗料槽、水槽，定期消毒。舍内勤清粪，保持清洁卫生，有条件时最好每周进行 2 次带鸡消毒。

表 7-4 产蛋期间饲养空间需求

各项空间			笼养	平养
采食空间	料槽	(厘米/只)	10	10
	料桶	(只/个)	—	20
饮水空间	水杯	只/个	6	8
	乳头式	只/个	3～4	8
	水槽	厘米/只	4	4

(3) *产蛋鸡的营养需要特点* 蛋鸡的能量需要因温度、体重、换羽和产蛋量等不同而异。蛋白质（氨基酸）

及其基本的营养需要，不会因温度不同而变化，仅由于周龄及产蛋率[1]不同而异。

蛋鸡对钙质的需要随产蛋量的增加及年龄的增长而增加。但一般要求，整个产蛋期的日粮配方分为若干阶段。产蛋前期的日粮蛋白质水平高于育成期。此后随着蛋鸡产蛋率[1]的增加，采食量的变化，为保证蛋鸡高产所需要的营养素，在产蛋率达5%以上直至42周龄，乃至更大周龄（产蛋率为80%以上）时，每只母鸡每天的粗蛋白质采食量应为18~20克，这是蛋鸡发挥其良好生产性能的基础。

(4) 产蛋鸡的饲喂

◆ 产蛋鸡一般应日喂3次，匀料3次，保证鸡只充分采食。产蛋高峰期可喂4次。

◆ 要喂干料，定时定量，做到既够吃、料槽中又不存料。

◆ 保持鸡舍卫生，注意通风换气，及时定期清除粪便，勤洗水槽，保持饲料、饮水清洁。

◆ 按照产蛋率和营养需求，及时更换料种，调整饲料成分。

◆ 在注重满足产蛋期日粮代谢能和蛋白质需要的同时，应保证适量的钙、磷供给，保持钙、磷比例平衡，补充适量限制性氨基酸[2]（如赖氨酸、蛋氨酸、色氨酸和精氨酸）、微量元素和多种维生素。

(5) 产蛋鸡的饮水

◆ 水的消耗量不仅是鸡群健康与否的重要标志，同时，也与气温、产蛋量、采食量和品种等因素有关。

◆ 保证有充足的饮水空间和清洁的饮水。

◆ 保持饮水充足、卫生，绝不能断水。

◆ 每1~2周用过氧乙酸溶液或高锰酸钾溶液对饮水管或饮水槽消毒一次。

①产蛋率是指统计期内的产蛋总数与存栏母鸡数的比率，在日常生产中常用的是日产蛋率和平均产蛋率。

②在所需蛋白质的日给量中，任何一种氨基酸缺乏，均将限制其他氨基酸的利用。

表 7-5 每100羽蛋鸡不同产蛋水平的日平均饮水量

产蛋率（%）	10	20	30	40	50	60	70	80	90
轻型鸡饮水量(升)	15	16.5	18	19	20	22	23	24.5	25.5
中型鸡饮水量(升)	20.5	21.5	23.0	24	25	26.5	28	29.5	31

①合格的后备母鸡转入蛋鸡舍后，能否充分发挥其优良的生产性能，关键在于鸡舍的环境条件——光照、相对湿度、温度和空气质量等因素的合理调节与控制，这是取得蛋鸡最佳生产水平和经济效益的重要环节之一。

环境条件的控制 产蛋鸡饲养管理的主要工作之一是尽可能维持环境条件的相对稳定[①]。

(1) 温度和湿度的控制 成年鸡的适温范围为5~28℃；产蛋期适温为13~25℃，温度13~16℃时产蛋率较高，15.5~25℃时产蛋的饲料效率较高。气温过高、过低对蛋鸡产蛋性能都有不良影响。

产蛋鸡舍的舍内温度要稳定在18~24℃，冬天注意鸡舍的防寒保暖，夏天注意鸡舍的防暑降温。

湿度对蛋鸡生产性能也有一定的影响。在生产过程中，必须注意调节鸡舍内的相对湿度。开放式鸡舍位置向阳，地势较高，采用排水良好的水泥地面，通风较好不至于过湿。密闭式鸡舍，如湿度偏高，可以在保持较为合适的温度条件下通过加大通风来排湿，严防供水系统漏水，或改长流水或水槽为乳头式饮水器等。垫料平养的蛋鸡舍应加强垫料的管理，勤换垫料等办法。

在任何时候，都要使蛋鸡舍的粪便干燥。

(2) 通风管理 必须加强产蛋鸡舍的通风，确保通风畅通，保证舍内空气新鲜、无异味，同时通风能够调节鸡舍内的温度、降低湿度。在保证温度适宜条件下，通风越畅通越好。

◆ 开放式鸡舍通过开关门窗控制舍内外空气的自然流通，也可设通风孔或窗，或安换气扇。

◆ 密闭式鸡舍通过控制通风量和气流速度来调节鸡舍的温度、相对湿度等。其通风量见表7–6。

表 7-6 蛋鸡的通风量 [米^3/(只·小时)]

气温(℃) \ 体重(千克)	1.6	1.8	2.0	2.2	2.4	2.6
0	2.28	2.64	2.88	3.12	3.42	3.72
5	2.94	3.36	3.72	4.02	4.38	4.80
10	3.60	4.08	4.50	4.92	5.34	5.88
15	4.26	4.80	5.34	5.82	6.30	6.90
20	4.92	5.52	6.12	6.72	7.26	7.98
25	5.52	6.30	6.72	7.56	8.22	9.00
30	6.18	7.02	7.74	8.46	9.18	10.08
35	6.84	7.74	8.58	9.36	10.14	11.10
40	7.50	8.46	9.36	10.26	11.10	12.18

(3) *光照管理* 产蛋鸡光照管理的基本原则是:光照时间只能增加,不能减少,最长光照时间不能超过 17 个小时,光照强度不能降低。

开始光照刺激的时间要根据蛋鸡的体重及发育情况而定,如果 18 周龄抽测的体重达到标准体重,便可开始光照刺激;若达不到标准体重,可适当向后推迟 1 周①。

由于育成鸡的光照时间较短、强度较弱,需要逐渐增加光照时间和强度才能满足产蛋鸡的需要。

从育成期过渡到产蛋期,光照强度应有过渡:如在每列鸡笼上方安装两组灯泡,照度要求小时,只开单组灯泡,照度要求大时,两组同时打开;或者逐步交错改换灯泡大小以控制照度;或者均匀安装瓦数较大的灯泡,通过调节电压来控制照度。

◆ 开放式鸡舍:若 20 周龄时光照时数为 12 小时,则每周增加 20 分钟,到产蛋高峰时(约 32 周龄)达到 16 小时,以后维持不变。若 20 周龄时光照时数为 14 小时,则以后每周增加光照时间约 15 分钟,至 28 周龄时达 16 小时,以后保持不变。总之,要逐渐增加光照时间,使产蛋鸡从产蛋高峰起得到 16 小时光照。

①若鸡群没有达到标准体重,光照时间可延缓一周再增加,但最多不晚于 19 周龄末;同时在饲料中添加 1%~2% 的植物油,采用少量多次饲喂方式,促进鸡只采食。

◆ 密闭式鸡舍：20 周龄时光照为 8 小时，转入蛋鸡舍后 21～26 周龄每周增加 1 小时光照，27～32 周龄每周增加 20 分钟光照，到 32 周龄时达到 16 小时光照，以后保持不变。或者 21～24 周龄每周增加 1 小时光照，25 周龄起每周增加半小时光照，至 32 周龄时达 16 小时光照。

若鸡群从密闭式育成舍转入开放式蛋鸡舍，当自然光照时间不足 12 小时时，应立即给予 12 小时光照；如自然光照长于 12 小时，以后每周增加半小时直到 16 小时为止。

◆ 建议的光照强度[①]：在晴朗的夏天，开放式鸡舍内的照度可达 100～550 勒克斯，大大超过标准。因此，应在保证通风换气的条件下采取遮黑措施，使光照强度不超过 40 勒克斯。人工补光时，一般多采用 20～40 勒克斯的光照强度。

密闭式鸡舍光照强度一般 10 勒克斯即可。

◆ 注意事项：一定要检修好蛋鸡舍的电路，防止断电或忘记开灯、关灯；为保证光照时间的准确，建议使用自动开关灯设备；为保证光照效果，每周必须擦拭灯泡。

产蛋鸡的管理

(1) **鸡群驱虫** 笼养的蛋鸡在转群 1 周后要进行驱虫[②]。

◆ 常用的驱蛔虫药物：磷酸哌嗪片（驱蛔灵），每千克体重 0.2～0.3 克；左旋咪唑片，每千克体重 25 毫克；四咪唑（驱虫净），每千克体重 40～50 毫克等。

◆ 使用方法：将片剂研磨成粉末状，不能存有较大的颗粒，加少量饲料搅拌均匀后，将此混合料加到鸡群一次所采食的饲料中，搅拌 3～5 遍，至均匀后饲喂。最

① 光的照度单位是勒克斯。产蛋鸡应采用 6～10 勒克斯的光照强度。生产实践中在产蛋鸡舍的具体操作为：灯与灯间距 3 米，灯泡离地 2.2 米，每平方米面积应有 2 瓦的日光灯或节能灯光源。

②虽然蛔虫引起的鸡群死亡率不高，但蛔虫病使患鸡生长发育迟缓，营养不良，对蛋鸡生产性能的发挥造成很大的影响；严重的患病鸡群，往往因蛔虫堵塞肠道等，引起死亡，带来较大经济损失。

好在早晨空腹时喂料，饲料一定要撒均匀，让所有的鸡只均能吃上已拌药的饲料；同时，供给充足的饮水，并注意舍内环境卫生，给鸡群提供一个安静、适宜的小气候环境。

(2) 体重监测　蛋鸡开产后，体重仍在稳步增加，一般品种要到28周龄后，才能达到成年鸡的标准体重。

产蛋鸡应每隔4周进行一次体重随机抽样测定，以了解鸡群的整体发育情况和体重的均匀度。根据体重变化，及时调整饲料营养水平和饲养管理措施，使鸡群始终处于良好状态，保证鸡群的高产和高成活率。

具体办法：在鸡舍的不同位置选定至少10笼样本鸡（哨兵鸡），样本笼的鸡一旦确定就不得移动，每月测量样本鸡（哨兵鸡）的体重，求出平均体重，对照每月体重增长量是否符合要求，然后及时调整每日给料量[①]，以控制产蛋鸡在产蛋期间体重的增长，达到理想的体重。

①因各地产蛋鸡饲料的营养水平有差异，产蛋鸡的给料量也不尽相同，切不可因盲目追求蛋个大而无节制地提高鸡的采食量。否则，将会使鸡群过肥而出现脂肪肝，导致死淘率增加。

表7-7　不同品种蛋鸡各周龄体重（克）

周龄	白壳蛋鸡	褐壳蛋鸡	粉壳蛋鸡	矮小蛋鸡
21	1 360	1 700	1 550	1 200
22	1 410	1 750	1 590	1 220
23	1 445	1 800	1 630	1 240
24	1 480	1 840	1 670	1 260
25	1 515	1 880	1 710	1 280
30	1 680	2 080	1 880	1 380
40	1 700	2 110	1 910	1 400
50	1 720	2 140	1 940	1 440
60	1 730	2 170	1 970	1 460
72	1 750	2 200	2 000	1 480

注：以上数据仅供参考。每个品种的体重应以种鸡生产场提供的资料为准。

(3) 观察鸡群　随时注意观察鸡群的健康状况，发现病鸡和精神差的鸡应立即挑出，隔离饲养和治疗，及时淘汰病残、啄蛋吃的母鸡，以减少饲料消耗损失。

◆ 病鸡表现：鸡冠苍白或紫黑，食欲差或拒食，精神委靡，两眼无光或紧闭，羽毛蓬松；有的鸡张口伸脖呼吸，带有异常音，口腔有黏液，嗉囊充满气体；泄殖腔周围沾有粪便等各种异常表现。

◆ 正常鸡表现：冠髯鲜红，羽毛紧凑，精神活泼，反应灵敏，采食积极，头立尾翘，粪便成形，上覆白色尿液。

(4) 做好生产记录[①] 每天应记录蛋鸡的存活数、淘汰数、死亡只数、鸡群产蛋量、饲料消耗、破损蛋，以及免疫接种、用药、消毒等情况。每周进行统计、比较和分析。

①生产记录是鸡群实际生产情况和日常活动的反映。要想管理好鸡群，必须要有记录，通过生产记录，可以了解生产情况，指导下一步的生产活动。

(5) 产蛋曲线 将所饲养鸡群的产蛋数据绘制成产蛋曲线，与管理手册中的标准产蛋曲线进行比较和分析，查问题、找差距、究原因，改进和提高饲养管理水平。

不同品种鸡的产蛋曲线多少有些差别，但呈现的产蛋规律应大致相同，优良品种蛋鸡的产蛋曲线见图 7-4。

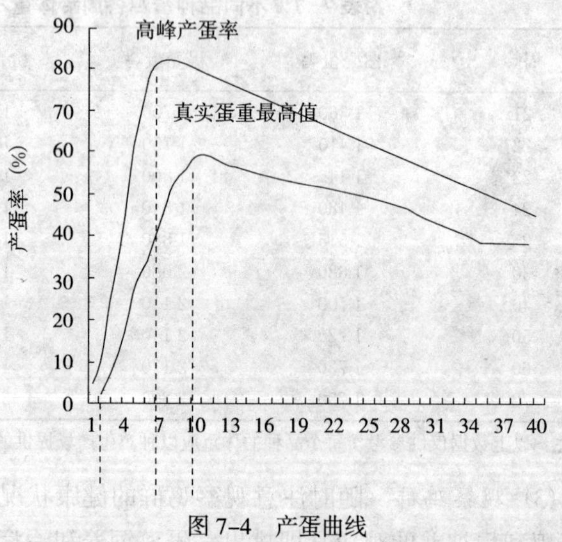

图 7-4 产蛋曲线

品种优良、饲养管理正常的鸡群，通常在产蛋率达5%后，每周都在翻番，在产蛋率达 40%后，每周以半倍量增长，4 ~ 5 周后进入产蛋高峰，高峰期持续 10 ~ 20 周后，产蛋率开始平稳下降。

(6) 蛋重抽检　各品种蛋鸡有各自的蛋重标准①。在蛋鸡的一生中，蛋重是不断增加的。要定期对蛋重进行抽检，将抽检结果与标准蛋重进行比较，如果蛋重低于标准蛋重，说明饲料或饲养管理环节出现问题。

(7) 及时捡蛋，减少破蛋脏蛋　①产蛋鸡群蛋的破损率不应超过 1%~2%。②在蛋鸡饲养管理中应及时捡蛋，至少做到上下午各捡蛋 1 次，最好每天捡 3~4 次，产蛋高峰期增加 1 次。③及时淘汰鸡群中有啄癖的鸡，保证产蛋箱足够，勤换垫草。④注意调控饲料，避免钙、锰等矿物质元素和维生素 D 缺乏或日粮中钙磷比例失调。⑤检查产蛋笼或蛋鸡笼是否有老化、失修、变形、开焊或断口增多等。⑥有效防控传染性支气管炎、产蛋下降综合征、新城疫，以及钙、磷、锰或维生素 D 缺乏症或过多症等疾病。

①蛋重是蛋鸡的重要经济性状之一，它直接决定着母鸡总产量的高低。蛋重的大小主要受遗传因素控制，也受母鸡年龄、体重、营养水平、光照、温度和健康等因素的影响。蛋鸡正常蛋重的变化范围为 50 ~65 克。

4. 产蛋鸡的阶段饲养管理要点

产蛋前期（18 ~ 22周龄）的饲养管理要点　这一时期母鸡由生长期向产蛋期转变，生殖系统变化最明显，卵巢快速发育，20 周龄时卵巢重 25 克。鸡冠一周比一周大，颜色越来越鲜红；临近开产的鸡不时下蹲，表露出愿意接受交配的姿态；平养鸡上飞下窜，四处寻找理想的产蛋之处。这时母鸡的生殖系统开始快速发育，卵泡快速生长，母鸡会为其后产蛋的养分累积需要摄入更多的营养。

(1) 细心管理　从育成鸡转为产蛋鸡，特别是育成时平养，转群后改为笼养，鸡只多有不适。

转群后鸡群要建立新的群体序列，个体之间的争斗不可避免；有的鸡冲撞鸡笼、别翅膀、卡脖子、吊鸡等现象时有发生；在转群后的头几天，饲养人员要多在舍内巡视观察，发现问题及时解决。

转群后的头几日，饲喂尽量不变化，尽可能让鸡只多采食，促其摄取充分的营养，以利恢复体力，也为产蛋时的营养储备打基础。

(2) 适时开产　每个品种都有自己的适宜开产日龄①，表 7–8 是几个常见饲养品种的开产日龄。

①过早开产的鸡群，蛋重小、产蛋高峰期短、饲养期死淘率高，经济效益反而不好。

表 7-8　不同品种蛋鸡的开产日龄（50%产蛋率）

品　种	海兰白	农大矮小型褐	罗曼褐	尼克珊瑚粉
开产日龄	153～157	148～154	145～150	147～150
品种	海兰灰	农大矮小型粉	新红褐	宝万斯高兰
开产日龄	150～153	148～153	133～140	143～145

控制开产日龄的基础是育成鸡发育正常，关键手段是光照刺激，结合饲喂技术的调整，逐步增加营养供给。

(3) 精心饲喂　及时换料　小母鸡从 18~22 周龄开始产蛋，一般鸡群达 22 周龄时产蛋率应在 50%以上，标志进入了性成熟②。

②母鸡性成熟期计算方法：个体记录的母禽按产第 1 个蛋的平均日龄计算；群体记录时按日产蛋率达 50%的日龄计算。

表 7-9　产蛋前期的饲喂技术

内　容	技 术 关 键 点
自由采食	母鸡在第一个产蛋年中，要生产出自身体重 8～10 倍的鸡蛋，这一时期自身体重还要增长 1/4，必须让鸡只采食到其体重 20 倍的饲料。从鸡群开始产蛋时起，让鸡自由采食，直至到产蛋高峰过后的 2 周为止。
钙的供给	产蛋前期饲料中钙的含量多为 2%。应在 21 周龄将钙调高到 3.5%或在饲料中添加颗粒状钙源饲料，以满足部分早产蛋鸡的需要。
过早补钙的危害	过早补钙，不利于钙质在母鸡骨骼中的沉积，影响机体钙保持（留）能力。鸡日粮中含钙量过高，会抑制鸡只的食欲，影响磷、铁、铜、钴、镁和锌的吸收。所心，不能早于 18 周龄饲喂产蛋前期料。
及时更换高峰料	当鸡群的产蛋率达 5%后，更换为产蛋高峰料（通常的蛋鸡 1 号料），高峰料的蛋白质水平为 17%～17.5%，钙水平为 3.5%～3.8%。

产蛋鸡高峰期（23～40周龄）的饲养管理要点 此阶段的管理要点是最大限度地减少或消除各种不利因素对蛋鸡的有害影响，创造一个有益于蛋鸡健康和产蛋的最佳环境，使鸡充分发挥生产性能，以最少的投入换取最大的产出，从而获得高的经济效益。

（1）注意观察鸡群，及时补充营养

◆ 供足蛋白质：当产蛋率在85%以上时，每只轻型蛋鸡每天需要摄入17~18克蛋白质；每只中型蛋鸡每天需要摄入19~20克蛋白质。一般产蛋率每提高10%，日粮中蛋白质水平应大约提高1%。此外，当预见产蛋率要上升时，要提前1周喂给较高蛋白质水平的日粮；而当产蛋率开始下降时，日粮的蛋白质水平要推后1周降低标准。

◆ 控制能量：当产蛋率达90%时，每千克饲料的代谢能应控制在11.3～11.5兆焦，这样增加饲料蛋白质含量就能有效促进产蛋高峰迅速到来。

◆ 补充青绿饲料：青绿饲料中含有丰富的蛋白质、维生素、叶绿素以及许多未知的营养因子，适当增喂一些青绿饲料，可激活鸡的生殖机能，提高产蛋量。

◆ 补钙：每天12～18时给产蛋鸡补饲钙质效果最好。产蛋鸡日粮中钙的含量一般要高于3%，在产蛋高峰期（产蛋率达80%以上）日粮中钙含量可增加到3.5%～4%；产蛋率在80%～65%时，日粮中的钙应保持在3%～3.25%。除了饲料中补钙外，在舍内或运动场上放置盛有贝壳、骨粉的盆让鸡自由采食，也有良好效果。

◆ 补充维生素：如果鸡群高峰期产蛋率高于93%，高峰延续时间长，多种维生素应倍量添加，并在每千克饲料中添加100毫克维生素C。

◆ 使用优良饲料：保持饲料的新鲜程度，不喂霉败、变质饲料，喂料要做到勤喂少添。

(2) 合理的补光　产蛋鸡的光照原则是光照时间宜渐长不宜渐短，光照强度也不要减弱，促使蛋鸡适时开产并达高峰，充分发挥其产蛋潜力。人工补光一般从蛋鸡 21 周龄开始，21～24 周龄每周增加光照半小时，25 周龄以后每 2 周增加光照半小时，直到每天光照时间达到 16 小时为止。补光时间以每天凌晨到天亮之前为好。

(3) 供给水质良好的饮水　高峰产蛋鸡绝对不能断水，断水会造成产蛋量下降，并很难恢复到原有产蛋水平。产蛋鸡断水 36 小时，就会使产蛋率下降，甚至会造成停产。要注意检查饮水器具，杜绝饮水不足或断水现象的出现。产蛋鸡的饮水量随温度变化而变化。

(4) 减少应激　蛋鸡进入高峰期，生产强度大、生理负担重、抵抗力差，对环境变化非常敏感，尤其是轻型蛋鸡多为神经质，任何环境条件的变化都能引起应激反应，使产蛋高峰急剧下降。因此，在鸡群达到产蛋高峰的关键时期，应采取一切有效措施，做到饲料稳定，切忌随意调整日粮配方，尽量避免打针、驱虫，防止断料、断水、停电、停光、温度太高、室内有害气体超标，减少应激刺激，保持鸡群高产、稳产。

(5) 确保鸡群健康　处于产蛋高峰期的母鸡，其繁殖机能最为旺盛，代谢最为强烈，是合成蛋白质最多的时期。此时鸡体处于生产负重状态之下，抵抗力较弱，容易得病，必须特别注意环境与饲料卫生，定期带鸡消毒，做好大环境及鸡舍用具的消毒工作，使鸡群免受病菌的侵染。

(6) 巧用添加剂　喂小苏打可提高产蛋率和蛋壳强度，减少破蛋；添加 0.15%氯化胆碱可维持产蛋率 79%以上。

(7) 控制体重和抗早衰　产蛋高峰期控制体重和抗

早衰是减少产蛋率下降的有效方法。蛋鸡体重的增长终点在36周龄，产蛋率生理下降的起点在40周龄，36~42周龄若继续增重，鸡的脂肪增加较快，将影响产蛋率，使产蛋量下降速度加快。

(8) 保持舍内环境条件的稳定　产蛋舍内要有良好的通风系统，特别是产蛋高峰在炎热的夏季时，只有保持鸡舍内凉爽，让鸡群舒适才会有良好的采食量，才可发挥到应有的生产性能。注意防寒抗暑，遇到天气干燥的季节多泼洒清水，可增湿防尘；夏季投喂解暑药物。

稳产期（41～53周龄）的饲养管理要点

高峰后平稳期的鸡群由于产蛋高峰的影响，体质开始下降，日粮消耗略有增加，鸡只外观产生了一些变化，鸡群开始有脱毛换羽现象，蛋品质也稍有下降。要尽量延长平稳期，使产蛋下滑减慢，多增效益。

(1) 及时调整饲料营养　产蛋鸡日粮特别是产蛋鸡后期日粮营养应根据季节的不同而变化。夏季气温高时，应适当减少能量饲料，增加蛋白质和钙质饲料，同时补充维生素C；冬季气温低于10℃时，则要适当增加能量饲料，减少蛋白质饲料，并加喂颗粒料。

适当增加饲料中钙和维生素D_3的含量。产蛋高峰过后，蛋壳品质往往很差，破蛋率增加，在每日下午3～4时，在饲料中额外添加贝壳砂或粗粒石灰石，可以加强夜间形成蛋壳的强度，有效地改变蛋壳品质。添加维生素D_3能促进钙磷的吸收。

◆ 适当添加应激缓解剂：在千克饲料中添加60毫克琥珀酸盐，连喂3周；或按每千克饲料加入维生素C150毫克，以及加倍剂量的维生素K_3，可以有效地减缓应激。

◆ 适当添加氯化胆碱：在饲料中添加0.1%~0.15%的

氯化胆碱，可以有效地防止蛋鸡肥胖和产生脂肪肝，因为胆碱有助于血液中脂肪的运转。

(2) 保持充足的光照　每日光照时间应保持16~17小时，光照强度15~20勒克斯，可延长产蛋期，提高产蛋率5%~8%。

(3) 适度减料限饲　当鸡群产蛋高峰过后，产蛋率有下降趋势时，可适当进行减料，以降低饲料消耗。方法是：按每只鸡日减料2.5克，观察3~4天，看产蛋率下降是否正常（正常每周下降1%~2%），如正常，则可再减1~2克；若仍无异状，还可再减3克，这样即不影响产蛋，又可减少饲料消耗，防止鸡体过肥，减少换羽和就巢母鸡的数量。如产蛋量超过正常下降速度，则须立即恢复饲喂量，以免降低生产水平。

表7-10　不同体型（品种）蛋鸡对限制饲喂的要求及限制饲喂方法

限制饲喂开始周龄	不同体型蛋鸡对限制饲喂的要求		方　法
40周龄后	中型蛋鸡 某些品种粉壳蛋鸡	适度限制饲喂	限制母鸡的采食量和所摄入的能量。 具体方法：每100只母鸡每天减少饲喂量220克，连续减料3～4天，观察产蛋量变化→产蛋量下降不多（符合产蛋标准）→连续数天执行这一饲喂量→过一段时间再尝试类似的减料，观察产蛋量变化→如产蛋量下降异常→恢复至前期给料水平。 限饲的饲喂量：为正常采食量的90%～95%。可根据环境条件和鸡群情况灵活掌握。

注：高产蛋鸡对限制饲喂反应十分敏感，进行限制饲喂时要相当谨慎。适度的限制饲喂，使蛋重减少不到1%。

(4) 仔细观察、及时淘汰低产鸡和休产鸡　①及时淘汰病、伤、残、弱、瘸、脱肛、瘫鸡；②鸡群中过大、过肥①、过小、过瘦鸡也要淘汰；③停产鸡冠小萎缩，组织粗糙，颜色苍白；喙和眼圈多为黄色；耻骨变粗，间距缩小。

①左手挟住鸡两翅膀根，用右手拇指与食指挟住鸡下腹松散组织，如两指间皮下脂肪在2.6厘米以上则为过肥。

表 7-11 高低（休）产鸡外观体征

产蛋状态	外 观 体 征
高产鸡	眼大有神，头部清秀，冠和肉髯肥大，手触之有温暖感，红润有弹性；羽毛蓬松稀疏，比较干燥、没有油性；耻骨间距宽，泄殖腔呈椭圆形，宽松湿润；胫部皮肤褪色明显，多为黄白色。
低（休）产鸡	眼神迟钝，冠和肉髯萎缩，手触之无温暖感，颜色苍白；羽毛油滑光亮，较为完整；耻骨间距窄，泄殖腔呈圆形，干燥皱缩；胫部皮肤不褪色，多为枯黄色。

图 7-5 各种淘汰鸡

产蛋后期（54 周龄至淘汰）的饲养管理要点 当鸡群产蛋率由高峰降至 85%以下时，就转入了产蛋后期的管理阶段。此时母鸡为 50~60 周龄，只产出了第一产蛋周年 60%的蛋，还有 40%仍未产出，此时鸡群还有很大的利用价值，因此，有必要加强产蛋后期的管理，力争全部得到未产出的 40%的蛋。

产蛋后期管理要点：确保鸡群能如标准生产曲线那样缓慢降低产蛋率，不出现大幅度下降的现象，尽可能延长其经济寿命。

（1）适时调整营养 降低日粮能量和蛋白质水平 当鸡群产蛋率降到 80%以下时，就应转入产蛋后期的饲养管理，必须降低饲料的能量、蛋白质水平，以高钙、高磷、低蛋白为特点①。这个阶段饲料能量控制在 1 108 兆焦／千克，粗蛋白质含量不超过 16%即可。

①产蛋后期由于鸡产蛋下降,对钙、磷、蛋白的需求也发生了变化，因此产蛋后期的饲养要慎重进行，多余能量和蛋白会导致鸡肥胖。

(2) 增加日粮中钙和粗纤维的含量　由于经过长时间的产蛋，钙的消耗很大，而且此时鸡对钙的吸收利用能力也有降低，发生蛋壳质量下降的现象。因此，要将日粮中钙的水平提高，调整钙磷的比例，钙在3.6%~4%，总磷为0.55%~0.7%。饲料中的粗纤维含量也可适当提高一些，但不要超过7%。

(3) 避免骤然换料　为了防止产蛋率下降过快，高峰料向后期料的转换要有7~10天的过渡期。

(4) 增加光照时间　产蛋后期可以将光照时数逐渐增加到每天16.5~17小时，但切不可超过17小时。

(5) 减少破损率，提高蛋的商品率　鸡蛋的破损给生产效益带来严重损失，特别是产蛋后期更加严重，这是由于产蛋后期鸡生殖机能退化，对钙磷的吸收能力有所降低，因此必须调整日粮水平。可以补充石子同时补充乳酸钙，以利于母鸡转化吸收，减少蛋的破损率，提高蛋的商品率。

(6) 防治脂肪肝出血综合征

◆ 适当降低饲料的营养浓度，降低能量水平，调整蛋白能量比以及各种必需氨基酸之间的平衡，可用麸皮代替5%~10%的玉米，或用富含亚油酸的植物油代替饲料中常用的动物油和混合油。

◆ 要随产蛋量的降低而相应减少喂料量。

◆ 在日粮中添加烟酸、氯化胆碱、肉碱、甜菜碱、维生素C、肌醇等，连喂10~15天。

◆ 病情严重的鸡群，可减少饲料量15%~20%，连续7~10天，以遏制病情发展，保护鸡群。

◆ 在鸡日粮中添加富含不饱和脂肪酸的向日葵籽油，使用止血药如维生素K_3、安络血等，坚持投药20~30天。

◆ 添加维生素E、硒和有机铬化合物和黄酮类化合物等抗氧化剂；或添加碘化酪蛋白。

（7）减少饲料浪费　过去人们常说饲料费用占生产成本的60%～70%，其实如今饲养商品蛋鸡是一个极微利的行业，实际饲料费用（包括育雏、育成期）占生产成本可高达90%～95%，下述措施可减少饲料浪费。

表7-12　防止饲料浪费的主要措施

防止饲料浪费的方法	内容及意义
饲喂全价料	饲料营养不平衡，是最大的饲料浪费，鸡只为产蛋需采食到充足的各种营养，势必会多采食饲料。
不饲喂发霉变质的饲料	鸡只采食霉变饲料后，会导致腹泻，降低生产水平。
添加饲料的方法	一次加料不要过多，一般为料槽的1/3高度即可； 过多添加后，鸡只极易在采食时将饲料刨出食槽。
饲料加工	蛋鸡料不能粉碎过细，应有一些小颗粒，具体标准是：100%通过4.00毫米编织筛，但不能有整粒谷物，2.00毫米编织筛筛上物不得多于15%。饲料过细鸡只采食不便，易产生粉尘，并且通过鸡消化道速度快，不利于吸收。
饲养管理	及时淘汰低产鸡和休产鸡。

（8）仔细观察，及时催醒　就巢性催醒就是让鸡“醒窝”。就巢性①是禽类固有的天性，野生禽类靠此才得以世代相传，但人工饲养的禽类就巢性多数已退化，但在某些地方品种鸡中，就巢性还很强，某些品种就巢率甚至高达50%以上。就巢性对蛋鸡产蛋有很大影响，会导致产蛋量下降甚至停产。

①禽类繁殖后代的本能。由脑垂体前叶分泌的催乳素所控制。就巢鸡催乳素的分泌量比产蛋鸡高2倍，它对性腺活动有抑制作用。母鸡一旦开始就巢，其卵巢和输卵管开始萎缩，因而停止产蛋。

表 7-13　就巢性对产蛋的影响、作用因素以及催醒方法

影响鸡就巢性的因素	催醒方法
鸡体内的激素分泌：催乳素的分泌量高于产蛋鸡的2倍。 季节与环境温度的影响：春末夏初就巢现象多见。 外界环境条件的影响：产蛋箱环境的幽暗、产蛋箱内积蛋久不取出。 其他鸡只就巢行为的影响：鸡群中一旦出现“就巢鸡”，接连不断的“咕咕”叫声和翅膀下垂到处找巢的行为，对其他鸡只会产生诱导作用。	➤注射激素或投口服药。 √对每只就巢母鸡肌肉注射丙酸睾丸素5～10毫克，注射后2～3天就会解除就巢性，1～2周后便可恢复产蛋。 √对就巢鸡每只肌肉注射三合激素（丙酸睾丸素、黄体酮、苯甲酸雌二醇油剂）1毫升，一般1～2天可解除就巢性。 √投服异烟肼法，对就巢鸡按每千克体重投服异烟肼80毫克，第二天对没有解除就巢的母鸡，再按每千克体重投服异烟肼50毫克，第三天对仍就巢的鸡按第二天的剂量再投服一次，一般3天后基本上再没有就巢现象。 √投服解热镇痛药法，每只就巢鸡投服500毫克安乃近或420毫克复方阿司匹林，同时口滴3～5毫升水，如10小时后还有就巢性，给个别鸡再投服一次，剂量同前，一般2周后可恢复产蛋。 √投服速效感冒胶囊法，对有就巢现象的母鸡早晚各一次投服速效感冒胶囊，每次1粒，连续2天，共投服4粒后便可解除就巢现象，1周后可恢复产蛋。 √投服盐酸麻黄素或磷酸氯喹片等多种药物法。 ➤突然改变环境条件，给予全新的强烈刺激。 √有水浸法、悬挂法、电刺激法、针刺法、醉酒法、服醋法、剪毛法及清凉降温法等。

(9) 人工强制换羽　当市场蛋价行情不好时，为避开低蛋价时间段，或为降低引种和培育成本时，需进行人工强制换羽[①]，以缩短自然换羽的时间，延长产蛋鸡的利用年限，可以尽快提高产蛋率，改善蛋壳的质量。

①通过断水、断料、改变光照等人为应激因素，强行对产蛋鸡施压，使鸡体内激素分泌失去平衡，促使卵泡萎缩，引发停产与换羽。

表 7-14　常用的人工强制换羽方法

方法		光照控制	成功的标志
常规畜牧学方法	剔除病弱低产鸡，挑出已换羽或正在换羽鸡单独饲养。 准备换羽前1周给鸡群接种疫苗。 换羽开始后，同时停水停料两天，夏天温度太高时可停水1天。为防止因停产下软壳蛋，可在停料开始前2～3天，每天只鸡喂	同步光照控制。具体为： 停水停料第1天光	人工强制换羽初期要密切关注鸡体重的变化，如失重率没达到25%以上便恢复供料，多半换羽不彻底；但失重率超过35%以上时，

（续）

	方 法	光照控制	成功的标志
常规畜牧学方法	3～4 克石粉或贝壳粉。第 3 天开始，恢复供水，不供料。根据外界温度不同，断料天数在 7～12 天之间。夏天天数多，冬天天数少。当有 80%鸡的体重下降 27%～30%时，可恢复供料：开始 1～3 天，每天每只鸡仅喂 10 克料（育成料或产蛋料都可以），第 4 天和第 5 天每天每只喂 20 克料，以后每天每只增加 15 克料，一直恢复到正常采食为止。如换羽前喂的是育成料，当鸡开产后换为产蛋料。	照 16 小时→第 2 天光照 14 小时→第 3 天至第 39 天每天光照 8 小时→第 40 天开始，每天增加光照 20 分钟，直至每天光照 16 小时为止。	鸡群的死亡率会明显增加。 换羽期间死亡率是换羽是否成功的标志，第 1 周不应超过 1%，前 10 天不能超过 1.5%，前 5 周不能超过 2.5%，整个换羽期 8 周的死亡率不应超过 3%。
化学方法	用含 2%锌（氧化锌或硫酸锌）的高锌日粮，不停水，不停料。从第 8 天起饲喂普通的产蛋鸡日粮。	光照可变也可不变（如有补光则停下来，改为自然光照）。 让鸡自由采食高锌日粮，1 周后鸡的采食量大降，通常为正常采食量的 20%以下。	体重降低 30%以上。

5. 产蛋鸡的四季管理要点

为了维持产蛋曲线的平稳变化，保持相对高的产蛋率，要根据四季的环境变化，采取相应的管理措施。

春 季 管 理

(1) 科学的饲养　春季气温回升，万物更新，外界日照延长，不管是开放式鸡舍还是密闭式鸡舍，都会出现产蛋量回升的现象，要根据产蛋量的变化适当进行日粮调整。一般产蛋率每提高 10%，饲料中蛋白质相应提高 0.5%~1%，但饲料蛋白质含量最高不能超过 18%。

在蛋鸡日粮中可添加0.1%的土霉素或抗应激药物，如维生素C（其用量为每千克日粮添加维生素C 454毫克）、碳酸氢钠（用量为每千克饲料加2 300毫克），并注意观察鸡的采食量，不断调整饲料的适口性。

(2) 合理的光照　产蛋阶段光照要增加而不能缩短。一般早、晚各开、关灯1次，比较理想的是采用早晨补充光照。人工光照所用光源以白炽灯为最好。一般产蛋鸡的适宜亮度是在鸡头部有5～10勒克斯就够了。

(3) 防止倒春寒和应激　早春冷暖天气交替变化，昼夜温差大，时不时有倒春寒出现，管理上要精心，灵活掌握通风换气，根据外界气温、舍内温度、鸡群状况决定换气量和具体方式。

(4) 环境清理和卫生清扫　春季也是疫病频发的季节，要对鸡舍外的大环境进行一次彻底清理，同时结合防疫工作，对鸡舍进行认真的卫生清扫。

(5) 加强植树绿化工作　春季是植树的大好季节，要搞好场区的绿化工作。

夏季管理[①]

防止热应激，增加采食量，改善饲料报酬，提高产蛋鸡的产蛋率是炎热夏季的管理核心[②]。

(1) 采取措施、降低舍内温度、提供舒适环境条件

①加强鸡舍隔热降温：很多鸡舍构造比较简单，跨度小，高度低，隔热降温能力差。为此可以在房顶加盖一层低价石棉瓦，石棉瓦与房顶之间留20～25厘米左右；在舍顶用2厘米厚的白色泡膜塑料做一层天花板；在鸡舍的屋顶上覆盖一层10～15厘米厚的稻草或麦秸，洒上凉水，并保持长期湿润；在窗上搭遮阳棚，阻挡直射阳光入舍；在鸡舍周围墙壁上涂上石灰水，既消毒又可反光降温，采取上述措施一般可降低

①鸡皮肤上没有汗腺，体躯又为羽毛所覆盖，所以鸡只不耐高温。夏季是高温、高湿季节，对养禽业威胁严重。

②在天气较炎热的季节，因饲料消耗降低常导致基本的非能量营养物的严重不足，使蛋鸡产蛋率下降，蛋重变小。

舍温 6℃左右。

②喷水降温：在高温、自然通风条件较差的情况下，如每天上午 11：00 至下午 16：00 最炎热的时段，舍温超过 33℃时，用喷雾器或喷雾机向鸡舍顶部和鸡体喷水。给鸡体喷雾降温时在鸡只头部上方 30～40 厘米喷洒凉水效果最好，且雾滴越小越好，在喷水的同时要保证鸡舍内空气流动，最好采取纵向通风的方式。每天中午 12 点以后，可用高压喷雾器用刚从井里打上来的凉水进行空间喷雾，可视舍内温度情况每隔 2～4 小时喷雾 1 次。

③加强通风，防止中暑：在高温而无风的天气里，一定要加强通风降温，以利鸡体散热，改善舍内空气质量，防止鸡只中暑。应加大换气扇的功率或改横向通风为纵向通风，使流经鸡体的风速加大，及时带走鸡体产生的热量，达到防暑降温的目的，如结合喷水、洒水，效果更好。

④降低饲养密度，控制舍内湿度：降低饲养密度可减少鸡体自身产热量，避免鸡只拥挤时的应激，有利于鸡只散热，明显提高饲料报酬。笼养鸡按笼底面积每平方米不超过 10 只为好。产蛋鸡最适宜的湿度是50%~55%，在采用水帘降温时需特别注意湿度问题。

⑤搞好绿化，创造一个良好的小生态环境：要因地制宜搞好绿化，在不影响鸡舍通风的情况下，在鸡舍周围种植草皮能有效吸收太阳热辐射，充分发挥其增湿降温、调节环境小气候的作用。

(2) 调整饲料配方及粒型

①使用颗粒料：在降低舍温的同时，投喂适口性好的饲料如颗粒料。

②调整饲料配方：鸡群在产蛋高峰前如达不到每只鸡每日 100 克（白壳系）和 120 克（褐壳系）的采食

量，可适当提高蛋鸡日粮的蛋白质水平（19%～21%），以保证产蛋率持续上升及提高早期蛋重所需要的蛋白质。

◆ 根据产蛋情况，也可适当降低饲料中粗蛋白质水平，但应提高单体氨基酸的添加，保证配方中氨基酸平衡。

◆ 增加维生素含量，特别是维生素C和维生素E。

◆ 提高能量水平，可用2%~5%的油脂、熟豆粉等替代玉米，使饲料能量高出标准5%~8%。

◆ 适当增加钙质，如碎石粒、贝壳粉等。

(3) 适当补充抗热应激添加剂

◆ 在饮水中加入适量的小苏打、溴化物缓冲液、藿香正气水等，均可有效地防止或减轻热应激的危害。

◆在饲料中添加1%的氯化铵和0.5%的碳酸氢钠，或在饮水中添加0.2%的氯化铵和0.2%的氯化钾。

(4) 调整饲喂时间　改变饲喂方法

◆ 避开高温，在一天中比较凉爽的时间饲喂；

◆ 供料时，每天至少匀料 4 次①；

◆ 保证全天供给充足、新鲜的凉水；

◆ 尽量减少各种应激因素产生。

(5) 注意灭鼠、防蚊蝇滋生、防蜱螨和羽虱　夏季是鼠类和蚊蝇大量繁衍的季节，要做好经常性的灭鼠、灭蚊蝇工作，以减少饲料浪费和疫病传播；同时要注意防止蜱螨和羽虱的繁殖与传播。

①增加匀料次数，不仅可使饲料均匀、降低损耗，而且可增加鸡只食欲，避免饲料霉烂变质，造成浪费。

秋季管理

(1) 及时淘汰低产鸡　立秋后白昼变短、黑夜变长，经过一段时间的产蛋后，有部分低产鸡开始停产换羽。

◆ 如果鸡体羽毛良好、鸡冠萎缩、耻骨间隙变窄（俗称一指裆或两指裆），基本上就停产鸡，应该抓紧淘汰。

◆ 产蛋鸡羽毛残旧、鸡冠红润。

(2) 做好舍内通风，保持昼夜舍内环境的相对稳定 ①平时关注天气预报，气温高时加强通风降温，气温低或寒流到来时要注意关闭门窗，要避免舍内温度的剧烈波动。②在气候变化剧烈时，通过门窗的开闭等措施来保证舍内温度的相对稳定。

(3) 适当调整光照 在秋季，自然日照时间逐渐缩短，为了保证足够的光照时间，要早晨晚关灯，晚上早开灯，并且在白天光线太暗时也要适当开灯，以确保鸡舍内适宜的光照长度和光照强度。

(4) 适当调整饲料配方 随着气温的逐渐降低，鸡的采食量会逐渐增加，应适当增加玉米等能量饲料的用量，减少豆粕等蛋白饲料的用量。

(5) 勤清粪、常消毒、灭蚊蝇

◆ 为了防止蝇蛆的繁殖和改善舍内空气质量，可以1~2天清粪一次，自动清粪的鸡舍可以每天清粪1~2次。

◆ 搞好舍内环境卫生，做好鸡舍内外的日常消毒工作。

◆ 进入秋天，要注意消灭蚊蝇，以防止蚊蝇传播疾病。门窗钉好纱网，定期对舍内外喷洒杀虫剂消灭蚊蝇。

(6) 做好免疫接种，预防常发疾病①

◆ 对鸡痘、新城疫、禽流感、传染性喉气管炎等疾病提前用疫苗进行预防。

◆ 在饲料或饮水中添加药物进行预防，根据情况可以用药2~3个疗程，每次用药4~5天。

◆ 对秋天易发的住白细胞原虫病，平时要用药物进行预防，可以持续用药，或每次用药4~5天，间隔5~7天再用药一次，最好2~3种不同的药物交替使用。

①秋天由于气温逐渐降低，早晚天气凉，温差大，寒流不时侵袭，秋后风又多，蛋鸡的呼吸道病发生频繁。因此，除了加强饲养管理外，还要对常见的疾病进行预防。

冬季管理

(1) 防寒保暖[1]

◆ 冬季鸡舍温度应保持在 8 ~ 13℃之间；

◆ 要将鸡舍的北窗封严，最好能在北墙外做一道防风障，在进入鸡舍的门上挂棉门帘，使鸡舍内的温度最低不低于 10℃；

◆ 在冬季来临前，修好门窗，堵塞风洞，搞好鸡舍维修，防止贼风侵袭；

◆ 适当提高饲养密度，利用其体热增加舍温；

◆ 舍内垫厚干草，及时清除积粪，天气晴朗时勤出勤换勤晒垫料；

◆ 防止贼风，一般在鸡舍背风面墙壁设置弯头式通风装置，以免鸡群直接受风。

(2) 通风换气[2]

◆ 在防寒保温的同时，必须对鸡舍的通风换气给予足够的重视，防止有害气体（氨、二氧化碳等）的积聚，排除细菌和灰尘，保持空气清新。

◆ 最好在中午打开门窗、排气孔和天窗，调节气流，保持舍内空气新鲜。

◆ 要根据舍温、舍内外温差、鸡只情况、风力大小灵活制定通风换气方案。

(3) 补充光照 增加光照时间

◆ 在白天自然光照短于 12 小时的冬季，需人工补充光照，以天亮前和日落后各补一半为好；

◆ 补充光照只宜逐渐延长，每次增加量不超过 1 小时，并稳定 5 ~ 7 天；

◆ 光照强度为每平方米鸡舍面积 2 ~ 4 瓦灯光，最好采用不大于 60 瓦的清洁白炽灯，并使用灯伞；

◆ 要求每周擦一次灯泡，注意保持灯伞完好；

①保持适宜的环境温度是维持母鸡冬季产蛋的关键。冬季是一年中温度最低的季节，隔几天就有一个寒潮，要做好鸡舍的保温工作，杜绝贼风。

②在冬季，为强调保温，门窗封得较严，加之清粪不及时，使得鸡舍内氨气、硫化氢含量增高，如不能及时通风换气，将会给鸡群造成危害。

◆ 切忌忽照忽停，忽早忽晚，忽长忽短，忽强忽弱。

(4) 调整饲喂量及饲料配方，供足营养[①]

◆ 适当提高饲料中代谢能水平，降低蛋白质等的营养水平，补喂青菜、谷芽等青绿饲料，维持钙磷平衡；

◆ 可在一般饲料中加入 10% ~ 15%动物性饲料和矿物质饲料；

◆ 日喂料 3 ~ 4 次，要求定时定量，自由采食；

◆ 在饲料形态上适当增加粒料量，保证最后一次喂颗粒性饲料，如粉碎的玉米、小麦、稻谷等高能量饲料。

(5) 精心管理

◆ 冬季舍内外温差较大，鸡群要早关晚放；

◆ 每天放鸡前要先开部分窗户，使舍内温度逐渐降低后再放鸡出舍；

◆ 让鸡多晒太阳，增加运动；

◆ 鸡群活动减少时，可在垫料上撒些谷物或在舍内悬吊青菜，促使鸡活动，吊菜的高度宜比母鸡喙部伸到的水平高出 3 ~ 4 厘米，不可过高或过低。

6. 产蛋鸡饲养管理性疾病及其防治方法

笼养蛋鸡疲劳症

笼养蛋鸡疲劳症又称笼养蛋鸡骨质疏松症，是笼养产蛋鸡的一种全身性、营养紊乱性骨骼疾病。几乎发生在所有笼养产蛋鸡群中，发病率为 1% ~ 10%。常发生于产蛋高峰期。

(1) 临床表现　产蛋鸡突然死亡，输卵管中常有软壳或硬壳蛋。初期病鸡食欲、精神状态和被毛均无明显变化，产出薄壳蛋、软壳蛋，鸡蛋的破损率增加。症状稍重时，病鸡腿部虚弱无力，不能站立或经常呆立在鸡笼的后部。严重时，病鸡脚爪弯曲，运动失调，甚至不能接近饲槽和饮水器，症状加重，易骨折，伴发软组织

①冬季温度低，为了御寒，鸡只要加大采食量，一般比正常时增加 5%~10%。

增生引起骨变形。有些病鸡可因胸椎骨折、凹陷损伤脊髓而部分或全身瘫痪。后期的病鸡仍有食欲，终因不能采食和饮水而死亡。病鸡的血钙水平①往往降至 9 毫克 /100 毫升以下。

①正常产蛋鸡的血钙水平为 19~22 毫克 /100 毫升。

(2) 发病原因 ①各种原因造成的机体缺钙、缺磷或钙磷比例失调；②与缺乏运动也有一定关系，如育雏、育成期笼养，或上笼过早，笼内密度过大；③某些寄生虫病、中毒病、管理不当以及遗传因素也能导致发病。

(3) 预防措施

①加强管理：饲养密度不可过大，育雏、育成期及时分群，上笼不可过早；在炎热的天气，给鸡饮用凉水，在水中添加电解多维；做好鸡舍内的通风降温工作；每天早起观察鸡群，以便及时发现病鸡，及时采取措施；按照鸡龄适时换料。

②保证全价营养：在开产前 2~4 周饲喂含钙 2%~3% 的专用预开产饲料，产蛋率达 1%时，及时换用产蛋鸡饲料。高产蛋鸡饲粮中钙水平应为 3.5%，并保证适宜的钙磷比例，每千克饲粮添加维生素 D_3 2000 单位以上。如鸡群采食量较小或遇炎热季节，可将钙含量增到 3.8% ~ 4.0%，并增加维生素 D_3 添加量，使每只母鸡每天的钙摄入量达到 3.5 克以上。

(4) 治疗方法

◆ 将症状较轻的病鸡挑出，单独喂养，补充骨粒或粗颗粒碳酸钙，一般 3~5 天可治愈。

◆ 停产的病鸡在单独喂养、保证使其能吃料饮水的情况下，一般不超过 1 周即可自行恢复。

◆ 同群鸡饲料中添加 2%~3%粗颗粒碳酸钙，每千克饲料中添加 2 000 单位维生素 D_3，饲喂 2~3 周。

脂肪肝出血性综合征 俗称“脂肪肝”或脂肪肝综合征，是产蛋鸡常见的一种营养代谢病，主要发生在营养良好、体重较大，但产蛋率较低的鸡群。产蛋前期表现为产蛋高峰期上升慢，峰值较低；发病死亡主要集中在高峰期过后。连续不断地零星死亡是本病的特征，极易被忽视和误诊。产蛋全期死亡率可达5%~10%，损失较大。

（1）发病原因

①营养过剩[1]：营养浓度过高，尤其是能量过高。饲料中蛋白能量比不合适。

②营养素缺乏：饲料中缺乏氯化胆碱、维生素E、维生素B_{12}、蛋氨酸等。

③运动不足：笼养鸡密度大，大大限制了鸡的运动，减少了能量消耗。

④肝脏功能受损：如各种病毒性疾病、体温高热稽留、肝胆疾病，以及重金属、黄曲霉毒素、棉粕和菜子粕中所含毒素等引起的中毒，均会导致肝脏功能损伤，影响脂肪代谢。

（2）症状表现　鸡群精神状态、采食饮水、粪便等方面没有明显变化，只是在产蛋初期表现产蛋率上升较慢，高峰期产蛋率较低，很难超过90%；病鸡多为肥胖、体重较大的鸡，在没有任何先兆症状的情况下，突然惊叫几声，挣扎死亡，腹内往往有已形成的蛋；部分鸡生前有冠髯萎缩、苍白、产蛋量下降现象。

（3）预防措施　根据鸡的饲养标准，科学制定饲料配方：做到营养成分能满足健康和生产需要，但不过剩；各种营养成分之间比例合理，特别是蛋白能量比要适宜。

认真监测育雏育成期鸡的体重变化：当平均体重超过标准体重5%时，要立即进行限饲。

产蛋高峰期过后，要随产蛋量的降低而相应减少喂料量，或降低饲料的营养浓度。加强鸡舍通风，减少有

①营养过剩是指鸡采食饲料中的营养数量超出正常的生活、生产消耗量和储存量，超出部分转化为脂肪在体内沉积下来，形成过量的脂肪组织，使鸡体过度肥胖。

害气体，保持空气新鲜。

(4) 治疗措施 ①适当降低饲料能量水平：可用麸皮代替 5%~10%的玉米，或用富含亚油酸的植物油代替饲料中常用的动物油和混合油。②饲料中添加维生素 C、维生素 E、氯化胆碱、肌醇等，可使用 2 倍量，连喂 10~15 天。③病情严重的鸡群，可减少饲料量 15%~20%，连续 7~10 天，以遏制病情发展，保护鸡群。④使用止血药如维生素 K_3、安络血等，坚持投药 20~30天。⑤为防止并发感染和继发感染，可给予抗菌药物，每次 3~4 天，隔 15~20 天重复一次，并结合进行饮水消毒。

啄 癖 ①

又称异食癖、恶食癖。

(1) 产生啄癖的原因

①环境条件方面：群体饲养密度过大，鸡舍空间不足，育雏时温度过高、潮湿闷热，采食或饮水不足，照度不足或过高，通风不良。

②饲料营养方面：饲料中蛋白质或含硫氨基酸（蛋氨酸、胱氨酸）不足，食盐不够；缺乏某种微量元素或维生素；粗纤维太少，往往是代谢能得到了满足而鸡还没有饱感。

③疾病方面：鸡患某种疾病，身体不舒服，如慢性肠炎造成营养吸收差；虱、螨等体外寄生虫的侵扰；采食霉变饲料引起鸡的皮炎及瘫痪；个别鸡只外伤出血。

④其他方面：有些品种的蛋鸡性情好动，易表现啄斗行为；早熟母鸡比较神经质，也易发生啄癖。

(2) 啄癖的表现

①啄趾：常见于育雏期鸡多因饥饿导致。胆小体弱的雏鸡因无法靠近饲料，或因采食时拥挤吃不到饲料，

会啄自己的或相邻鸡的脚趾。

②啄羽：常见于育成期鸡。啄食其他鸡的羽毛，多见于啄食背部、尾尖的羽毛，拔出并吞食，以强者进攻弱者居多。被啄鸡羽毛脱落会导致组织出血，诱发啄肉，导致死亡或被淘汰。

③啄肛：常见于高产蛋鸡。前期见于初产蛋鸡，因增光不合理导致产大蛋或双黄蛋，使子宫脱垂或肛门撕裂，同笼鸡见红便啄。

④啄蛋：常因饲养管理不当造成。捡蛋不及时，有破损蛋长时间留在滚蛋板上，鸡啄食后形成啄癖。钙磷不足或不平衡也会导致啄蛋。

(3) 防治措施

①适时断喙：蛋鸡在 7 ~ 9 日龄及时断喙。70 日龄前后视具体情况对部分鸡进行修喙。

②降低饲养密度：建议育雏、育成鸡放入育雏笼小群饲养，及时扩群。育成鸡每小笼装三只鸡，给鸡留一定的活动空间。

③光照强度适宜：育雏的前两天为了让小鸡找到水和饲料，可用 60 ~ 100 瓦白炽灯，之后将灯泡换成 40 瓦。待鸡进入产蛋舍，若灯泡离地 1.8 ~ 2 米，灯距 3 米，每个灯泡功率不超过 25 瓦。

④改善通风：改善通风状况，保持鸡舍空气新鲜，以饲养人员进入鸡舍没有刺鼻气味为宜。

⑤移出被啄的鸡：移出鸡后用紫药水涂抹被啄部位，这样可以覆盖血色，同时，起到收敛和抑菌的作用。

⑥保证饲料营养全面：饲料的营养成分要全面、充足，特别是一些重要的氨基酸、微量元素和维生素应该保证需要，同时不要忽视粗纤维的含量。

⑦勿喂霉变饲料：梅雨季节饲料和饲料原料易霉变，

不慎喂给鸡只后果严重。

⑧改变饲料粒型：颗粒料比粉料更易引起啄癖。产蛋期饲料宜做成粉料。

⑨及时驱虫：鸡群患上体表寄生虫羽虱时，应立即采取措施。方法是用晶体敌百虫按0.2%兑水，在熄灯前向鸡的腹部喷雾，一次即可。

⑩及时治疗：当发生啄癖时，先行隔离，后添加2%~3%的石膏粉到饲料中饲喂7天；为制止啄肛，可将饲料中的含盐量提高到2%，连喂2~3天，同时保证鸡只能喝到充足清洁的饮水。切忌不可将食盐加在饮水中，以免鸡只中毒死亡。

坠卵性腹膜炎 又称卵黄性腹膜炎。因卵黄从输卵管断裂处流入腹腔而引起腹膜炎。

(1) 临床表现和病理变化 病鸡通常不显现症状或由于多量腹水使病鸡腹部膨大下垂，呈企鹅样姿势。剖检可见腹腔有大量蛋黄或灰黄色炎性渗出物，肠管互相粘连，或者腹腔积有蛋黄凝块，有时这种凝块可达拳头大或更大，致使死亡增加；其次，腹腔有腥臭味，卵巢中卵泡变形、变性、变色，有卵泡破裂，耐过鸡消瘦，丧失产蛋能力。

(2) 主要原因

①病毒性传染病：感染禽流感、鸡新城疫、传染性支气管炎、传染性喉气管炎、产蛋下降综合征及禽脑脊髓炎等病毒。

②细菌性传染病：产蛋鸡感染鸡大肠杆菌、鸡白痢或鸡伤寒沙门氏菌、禽巴氏杆菌及支原体。

③其他疾病：中暑、感冒、肿瘤等原因。

④应激因素：产蛋高峰期注射疫苗，生人或者动物突然闯入，突然的异响、捕捉鸡只等突然的惊吓。

(3) 防治措施

①加强饲养管理：严格按照各品种家禽的营养需要配合饲料，保证饲料营养均衡、无霉变；在产蛋高峰期增喂多种维生素、微量元素、氨基酸；及时清理粪便，以降低舍内氨气、硫化氢等刺激性气体的含量；经常清洗消毒禽舍用具；控制鸡舍温度、湿度、密度，加强通风，给鸡群创造高产环境，提高机体体质，提高抗病力。

②做好各种疫病的免疫：做好禽流感、新城疫、传染性支气管炎、传染性喉气管炎、产蛋下降综合征、禽脑脊髓炎（根据当地流行情况选择）等病毒性疫病的免疫。

③做好各种细菌性疫病的预防工作：从无鸡白痢的种鸡场引种，并做好鸡群的检疫、环境消毒工作；注射大肠杆菌多价灭活疫苗，也可以考虑使用微生态制剂；搞好鸡舍环境卫生及保证饮水清洁，减少应激，定期带鸡消毒，防止鸡大肠杆菌病的发生；可以在饲料中添加氨苄青霉素、硫酸新霉素、强力霉素、氟苯尼考、硫酸黏杆菌素等抗生素。

④防应激：产蛋期间尽量减少应激，加强日常鸡舍管理，防止鸡群惊群、炸群，一旦应激因素发生后，一定要在饲料、饮水中添加抗应激药物，减少炎症的发生，对出现症状的鸡及时挑出淘汰。

应激综合征[①] 应激的危害是降低鸡只生产性能和抵抗力、诱发各种疾病、产生应激综合征，严重的应激会导致鸡只死亡。

(1) 蛋鸡生产中的应激因素

①外界环境中的应激因素：主要有高温、寒冷、阴雨、日温差过大、过度潮湿；噪音、异常声响；鼠类等小动物骚扰；各种有害气体的存在；过度照明或光照不足。

①机体受到各种刺激后，以一种较为恒定的模式发生一系列的神经内分泌反应及代谢的变化，以维持机体内环境的稳定和平衡，这种防御反应叫应激反应。引起应激反应的因素叫应激因素（应激原）。由于应激反应过强或时间过长会引起机体产生应激性疾病或应激综合征。

②饲养管理中的应激因素：主要包括强制换羽；疫苗接种、驱虫及投药；断喙、截翅、烙冠；密度增加；限制饲料与更换饲料；外伤、啄伤；捕捉、转群、运输；粪便清除不及时引起氨中毒。

(2) 应激因素对蛋鸡的危害　任何一种应激因素都或多或少地对蛋鸡生产产生不同程度的危害，有时多种应激因素同时存在，对蛋鸡生产造成极大危害，引起产蛋量下降，甚至鸡只死亡。应激反应引起的主要危害有：

◆ 导致鸡体发育不良，育成率及成活率下降；

◆ 导致蛋重减轻，蛋内容物稀薄，软壳蛋增加，破蛋率增加；

◆ 导致鸡繁殖力下降。如热应激因素影响精子的生成，使蛋的受精率及孵化率下降；

◆ 因应激反应而引起维生素需求增加，导致维生素缺乏症；

◆ 导致鸡免疫力下降，发病率增加。

(3) 防制对策

①饲养管理：在饲养管理过程中可以采取以下措施减少应激因素的危害。保证充足清洁的饮水，定期进行水质消毒工作；高温时，采用湿帘或喷水措施降低舍内温度；加强舍内通风；保持舍内光照时间及强度的稳定；减少断喙、转群中的惊扰；加强鸡舍卫生清洁及消毒工作，避免粪便过多引起氨气过浓导致鸡中毒；在疫苗接种及投药时避免惊吓；减少饲养密度；避免频繁更换饲料；保证饲料营养，增强鸡只抗病力。

②药物调整：除加强饲养管理外，还可采用药物调整对策：应激预防类药物：氯丙嗪（500 毫克 / 千克饲料）、溴化钠（7 毫克 / 千克体重）等，有安定镇静作用，能有效地降低应激因素对鸡体的影响；促适应药：延胡

索酸（100毫克/千克体重）、维生素C（200～300毫克/千克饲料）等能提高机体的防御能力，促进鸡只对应激因素的适应。

蛋鸡掉毛　在蛋鸡生产中，经常会发现产蛋鸡群中有部分个体掉毛的现象，掉毛的主要部位在颈部和背部，有的掉毛现象与产蛋减少相伴发生，而有的掉毛现象不影响鸡群的产蛋。

(1) 蛋鸡掉毛的原因　主要有皮炎（包括毛囊炎）、羽毛结构与质地异常或变脆、羽毛更换以及啄羽等，产生这些问题的原因主要有：

①饲料中营养成分含量不足或过量：如缺锌，钙过量，硒和砷含量高，缺碘或碘过多，食盐含量高，缺乏维生素（特别是维生素B_3），缺乏含硫氨基酸，色氨酸不足，脂肪含量长期低于1.5%或饲料中脂肪被氧化。

②环境问题：温度长期过高，相对湿度小，光照不稳定、频繁地出现停电或忘记关灯、改变开关灯时间，笼具问题等。

③生理问题：蛋鸡体内雌激素的水平下降。

④管理问题：喂料量不足，长时间断水，应激，中毒，外寄生虫，啄羽癖等。

(2) 防治措施

①做好免疫消毒：加强管理，制定科学合理的免疫程序，有效地预防慢性传染病和中毒病的发生。加强卫生防疫工作，定期消毒，不仅每周对舍外进行一次消毒，而且要坚持每周两次的带鸡消毒，这对净化环境和预防鸡体外寄生虫有很大作用。对于鸡体外寄生虫可用阿维菌素等拌料饲喂1次，7天后再拌料饲喂1次；或用速灭菊酯配成0.05%溶液，给鸡全群喷雾，每天2次，连用

3 天；或用速灭菊酯喷洒地面、墙面、笼具等，以杀灭羽虱及脱羽螨。

②保证饲料营养全价均衡：羽毛生长期间，含硫氨基酸应充分满足，饲料中胱氨酸、蛋氨酸、硫酸盐的比例应为 50∶41∶9，每千克饲料中硫含量为 2.3 ~ 2.5 毫克。同时还应满足鸡只的其他营养需要，特别是维生素、矿物质等微量元素的营养平衡；选用营养全面的饲料，添加 0.05%蛋氨酸 15 天，适当降低锌的含量，添加 2 倍量多维素 15 天。

③加强饲养管理：通过完善供暖、通风、降温、光照等设备设施，提高饲养人员的责任心，确保舍内温度维持在 10 ~ 25℃范围内。寒冷的冬季在保证温度的前提下，尽量增加通风量，以达到通风换气和降低湿度。炎热的夏季，可启动湿帘降温系统和加大通风量，以便最大限度地增加风速和降低舍温。同时，在日常管理工作中应随时观察鸡群和保证饮水系统的畅通，确保全天供给鸡群充足且水质良好的饮水，保持饮水器的清洁干净。另外，注意饲养密度应适宜，光照不能过强等。

7. 产蛋量下降的原因及防治对策

现代蛋鸡产蛋下降十分平稳，在良好的饲养管理条件下，产蛋量每周下降不到 1%。但由于受多种因素的影响，会使鸡群达不到产蛋高峰（产蛋率在 90%以上）、产蛋量便迅速下降或停产。

(1) 非正常性产蛋量下降的原因

①环境因素：光照，如突然停止光照，光照时间缩短、无规律，光照强度减弱；通风，鸡舍内通风设施差，通风不良，致使舍内氨气、二氧化碳、硫化氢等有害气

体蓄积；温度与湿度，温度突然升高或下降，舍内温度过高或过低；饮水，饮用水水质差或饮水不卫生，供水不足。

②疾病因素：多种疾病可以引起鸡群产蛋量迅速下降。包括：产蛋下降综合征、禽流感、鸡新城疫、传染性支气管炎、鸡败血支原体感染、鸡传染性脑脊髓炎、传染性鼻炎、传染性喉气管炎、大肠杆菌病及球虫病等。

③饲养因素：饲料营养成分不足或配比不平衡，原料品种及营养成分的变化，劣质饲料原料等；饲料品质改变，饲料发霉、变质或放置时间过长等；供料不足，换料时间太短。

④药物因素：生产中某些药物也可导致鸡群产蛋量迅速下降。如磺胺类药物、金霉素、链霉素、新霉素、喹乙醇、球痢灵、氨茶碱及盐霉素等，以及新斯的明、氨甲酰胆碱和巴比妥类药物等。

⑤应激因素：如异常过大的声响，红色衣服的刺激，持续高温或低温，高湿或干燥，鸡舍内有毒有害气体升高，强光照射或停止光照，饥渴，免疫接种时捕抓、注射，以及其他动物突然进入鸡舍。

(2) 防治措施

①健全光照制度：应注意产蛋期间需逐渐增加到16小时光照，强度为10～15勒克斯。并应遵循产蛋阶段光照时间宜长，不可缩短，不可减弱光照强度，不宜变动光照制度，不能忽照忽停，应保持舍内照度均匀和维持相应照度等。

②改善通风系统，适度降低饲养密度：增加通气量，一般应保持在0.1～0.2米^3/秒。饲养密度应根据鸡的体形大小而定，平均3～5只/米^2。

③保证鸡舍内的最佳温度和湿度：蛋鸡产蛋的最佳

温度是25℃左右，湿度是55%左右。

④保证清洁饮水和正常饮水：要保证饮用水清洁卫生，经常检查供水系统，及时排除供水系统障碍，保证充足的饮水。

⑤做好疾病防治：疾病是引起蛋鸡产蛋量下降的重要因素，主要以预防为主。避免引进带菌鸡，隔离或淘汰发病及康复带菌鸡；对鸡舍进行彻底的清洗消毒，切断疾病的传播途径；加强饲养管理，提高鸡体的免疫力等。

⑥严格蛋鸡的营养标准，保证饲料营养的全价性：提高饲料水平，防止饲料霉变，不可频繁变更饲料和饲料原料。

八、鸡舍小环境①的控制与管理

目标
- 学会做好鸡舍的通风管理
- 掌握鸡舍温度控制的方法
- 掌握鸡舍湿度控制的方法
- 学会做好光照管理与控制

1. 鸡舍的通风管理

通风②换气③是环境管理的最重要部分。

通风换气的目的　通风换气在过去以传统散养方法养鸡中是不成问题的，但对于全舍内饲养，特别是对于笼养鸡舍就显得相当重要，其主要目的是：

(1) 供氧　给鸡舍提供足够的流通新鲜空气，满足鸡对氧气的需要。

(2) 调温　调节舍内温度，确保舍内前后、昼夜、早晚等温度均匀，给鸡提供适宜于其生长发育和繁殖的温度。

(3) 保持稳定　控制鸡舍的有效温度、湿度和风速等，保持舍内环境的相对稳定，不因自然气候的变化而出现大的波动。

(4) 排污排湿　排出鸡舍内的灰尘和湿气，降低鸡舍湿度，排出氨气、硫化氢、二氧化碳等，降低舍内有

①所有围绕鸡体周围的空间及其他可直接影响或间接影响到鸡体生长、发育、繁殖、产蛋、增重和健康的一切外界条件和因素，统称为鸡舍小环境或鸡舍小气候。鸡舍内的温度、湿度、光照、通风（包括空气成分和流动速度）以及垫料状况等，是鸡舍小气候的主要因素。

②通风指使外界的气流进入禽舍，即禽舍内外空气的交流。

③换气指排除禽舍内污浊空气和换入外界新鲜空气，换气时只能起到对舍内原有空气进行稀释的作用，不可能全部彻底更换。

害气体①浓度。

舍内空气质量要求

(1) 简易判定方法　以人进入鸡舍后闻不到氨气味、臭味为标准。若进入鸡舍后感觉有臭气，则表示鸡的环境条件略差；若接近鸡舍就感到有臭气，更有甚者，接近鸡场就感到臭气，这是整个鸡舍或整个鸡场换气不良的标志。

通风换气是否良好的另一判断标准是看鸡冠颜色。换气良好，则整个鸡冠呈鲜红色（从冠峰到冠底），鸡成活率高、发病少；反之，若鸡冠红中泛白或冠底部苍白，鸡成活率低，产蛋下降。

(2) 判定标准　舍内空气环境质量应符合如下要求：

表 8-1　蛋鸡舍内空气环境质量要求指标

项　目	指　标	
	雏鸡	成鸡
氨气（毫克/米³）	≤9	≤14
硫化氢（毫克/米³）	≤1	≤9
二氧化碳（毫升/米³）	≤1 350	
可吸入颗粒物（毫克/米³）	≤3	
总悬浮颗粒物（毫克/米³）	≤7	
恶臭，无量纲②	≤23 000	
细菌总数（个/米³）	≤70	

舍内通风量③的要求

(1) 感官判定　鸡舍空气清新、不闷，氨气味很小或无；鸡舍内灰尘很少，无蜘蛛网；用手背感觉棚架上、鸡群栖息处、鸡背高度无冷风。

(2) 简易计算方法　一般原则是每千克体重每小时需 3.6~4.0 米³的通风量。

(3) 气流速度④　一般夏季舍内鸡体周围的气流速度

①禽舍内超过一定浓度对禽体有毒害作用的一些气体。主要有氨、硫化氢、二氧化碳与一氧化碳等，其中易于超过最高容许含量并对鸡造成危害的主要是氨。

②没有单位的物理量。

③为保持禽舍内空气环境正常，在单位时间内需要与外界进行空气交换的数量。一般以每只家禽或其每千克体重单位时间内产生的二氧化碳、水汽或热量估计。

④指禽舍内小股的、速度较缓的气流流动的速度，通常以米/秒表示。

表 8-2　鸡舍最小通风换气量［米³/（小时·只）］

舍外温度（℃）	1周龄	3周龄	6周龄	12周龄	18周龄	18周龄以上
35	2.0	3.0	4.0	6.0	8.0	12～14
20	1.4	2.0	3.0	4.0	6.0	8～10
10	0.8	1.4	2.0	3.0	4.0	5～6
0	0.6	1.0	1.5	2.0	3.0	4～5
−10	0.5	0.8	1.2	1.7	2.5	3～4

最高限为 2.4 米/秒，冬季以 0.15~0.20 米/秒为宜。以风的流速不超过0.3~0.35 米/秒为标准计算自然引风排气筒的高度、数量或通风机所需的功率及通风量，根据最小通风量确定冬季需要开多少风机。

通风管理的方法

（1）窗户的设置　应设置上、下两层窗户，并且两层窗户间的垂直距离应尽可能拉大。

（2）加大窗户面积　在夏季炎热而少风的地区，可设置面积较大的普通窗户，且于两侧墙对开，若能使窗户与夏季主风向相对，则通风、降温效果更好。

在夏季炎热而多风的地区，可考虑设计鸡舍的长轴与主风向平行，形成纵向穿堂风，这样更有利于通风和降温。

（3）配合机械通风　若鸡舍跨度在 9 米以内，通过正确设计，仅自然通风①就可以解决好通风换气问题；若鸡舍跨度在 9 米以上时，则应配合机械通风②。

（4）纵向通风　气候炎热的地区采用纵向通风，在鸡舍一端设置进风口，另一端设排风机，这样运转起来整个鸡舍犹如矿井的巷道一样，可在舍内形成较大的风速，犹如在炎热天吹风一样，使鸡体感到凉快。如果再配合湿帘降温，则效果更好。

①利用空气自然流动进行禽舍的通风换气。开放式禽舍均采用自然通风。

②利用风机驱动空气进行禽舍等的通风换气。

(5) 横向负压通风[①] 一般将风机安装在一面墙上，最好在北面，进风口放在南墙，排风机由通风系统的温度控制器操纵。风速缓慢，适用于冬季。

①又称"排气式通风"或"排风"。利用风机强制将禽舍污浊的空气排出，使舍内保持一定负压的通风方式。这种通风方式使舍内空气较稀薄，静压保持在1~3毫米，舍外新鲜空气能以较快的速度自行流入进气口，以达到通风换气的目的。

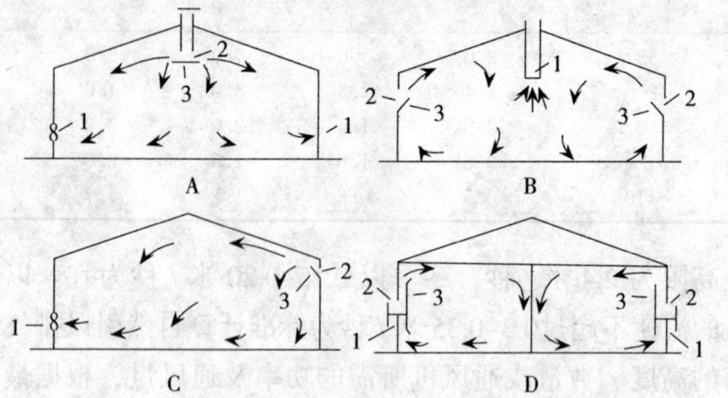

图 8-1 常用的横向负压通风形式

A.舍内中央上部进气，两侧墙下部排气 B.中央排气

C.一侧墙上部进气，另一侧墙下部排气 D.同侧进排气

1.排风机 2.进风口 3.风向导板

(6) 正压通风[②]系统 正压通风系统是一种不太普遍应用的通风方法。风机将空气强制送入鸡舍，使舍内形成正压状态，正压迫使舍内空气由排气口和自动百叶窗排出鸡舍，新鲜空气通过纵向放置、等于鸡舍全长的管子而分布在舍内。

②又称"进气式通风"或"送风"。利用风机将舍外新鲜空气强行送入禽舍，使其内保持一定正压的通风方式。

(7) 安装简易排风扇 育成鸡对环境的适应能力比雏鸡强，但随着生长和采食的增加，呼吸和排泄量逐渐增加，加之换羽会造成舍内空气污浊，可在舍内安装排风扇，每天开启3~5次，以排出舍内污浊空气。炎热的夏季在入口两侧加上湿帘降温，可同时起到降温通风的作用。但应注意：安装风扇的位置不是越高越好，应根据鸡群表现调整风扇位置。

通风管理的要点

◆ 一年四季都要尽最大限度地增大通风量，保持空气清新。

◆ 鸡舍的进风口只有在室外风沙较大的时候才关闭，除此之外一般情况尽可能打开。

◆ 育雏期在考虑保温的同时，应该更多地考虑通风。育雏期以后，只考虑通风，不再考虑保温。

◆ 育成鸡必须有足够的新鲜空气供应，但又要注意不能有贼风①。

◆ 高温季节要加大通风量。

◆ 在冬春交替时期要注意，产蛋鸡经过冬天以后，对寒冷已经习惯，可以不必考虑寒冷而积极进行通风。为确保换气量，在白天要尽早将背风面门窗打开。

◆ 秋季也要随气温的变化开关防寒设备，使鸡的感受逐渐过渡到冬天。这种季节的环境调整，主要根据舍内气温状况、以换气为基础，开关迎风面的拦风装置，使鸡慢慢地适应寒冷。其要领是延迟关闭门窗，不要过早地突然关闭门窗而进入保温防寒状态。

◆ 春季应注意监测鸡群感受的最大风速处，及早发现和控制冷应激。

◆ 鸡舍内风速越均匀，温度就越均匀。

◆ 不管何时，禁止冷风直吹鸡身，必须要杜绝冷应激。

◆ 各设备的温度感应器应放置在鸡舍中间，并经常检查温度感应器是否准确灵敏。

2. 鸡舍的温度②控制

温度控制的目的

鸡是恒温动物，需要有一个合适的“适温区”范围，即适宜温度范围③。当环境温度在此范围内变化时，鸡体

①指从非通风口径的缝隙空洞中流进禽舍的高速气流。贼风能够使局部的气流速度高达几个秒米。在寒冷季节或供温的育雏室内，特别是对活动受到限制的笼养家禽非常有害，使其受凉，生长速度或产蛋率下降，甚至引起呼吸器官疾病。因此，需定时检查舍内各处，发现漏风处，应及时严密堵塞，即可防止贼风侵入，也防禽舍由该处大量散热。

②温度为空气冷热程度的物理量，表示空气内能的大小。空气获得热能，内能增加，温度升高；反之，散失热能，温度降低。

③指适宜于雏禽生长发育、成禽发挥生产性能和种禽繁殖的温度范围。在此范围内，家禽保持良好的生理状况，能充分发挥其遗传潜力，生产量大，饲料转化率高，死亡、淘汰少，生产成本低。

所产生的代谢热约75%~95%靠物理方法经辐射、传导、对流等途径散失，其余经呼吸道散发。

给雏鸡和产蛋鸡提供良好的温度环境，能够保证其健康生长发育，充分发挥其生产性能和繁殖性能。

鸡舍温度控制的要求

雏鸡的适宜温度范围为30～35℃；成年鸡的适宜温度范围为18～23℃。

表8-3 不同日龄雏鸡的温度要求

日龄	笼养	平养	
	舍内温度（℃）	保温伞边缘垫料上方（℃）	舍内温度（℃）
1～3	33	35	24
4～7	31	32	24
8～14	29	30	21
15～21	26	27	21
22～28	24	24	21
29～	21	21	21

表8-4 不同周龄鸡的温度要求

饲养阶段	温度（℃）
3周龄	31～33
4周龄	29
5周龄	27
6周龄	25
7～17周龄	18～25
18周龄以后	18～25

注：①1～35日龄的温度均是在人为因素控制下所要达到的温度。

②1～35日龄内每周分两次降温。

③6周龄后的温度冬季最低不低于13℃、夏季最高不高于35℃。

④6周龄后的温度为供参考的适宜值。

如何“看鸡施温”

鸡舍温度是否合适，判断温度高低的衡量方法，温度计上显示的温度只是一个参考值，最主要的是饲养人员应学会“看鸡施温”，即注意观察鸡的行为表现和听鸡的叫声，以判断舍温是否适宜。

◆ 当鸡群表现扎堆、精神不振，发出尖锐短促的叫声，饮水、采食活动减少，向热源靠近，说明温度低，要适当加温；如果雏鸡聚集一堆靠近热源，并发出唧唧的叫声，表明此时温度偏低，应该加大热量供给。

◆ 当鸡群扑腹笼底，两翅展开，伸颈，张口喘气，饮水增加，食欲减退，说明温度过高，要适当降温；如果雏鸡远离热源，翅膀和嘴张开，呼吸加快，饮水增加，并发出吱吱的叫声，表明温度偏高，此时应加大通风，减小热量供给。

◆ 当鸡群表现活泼好动，精神旺盛，叫声轻快，饮水适度，均匀分布于笼底，头颈伸直熟睡，无异状或不安的叫声，说明温度正常。如果雏鸡活泼好动，采食、饮水都正常或者雏鸡在休息时能够均匀舒适地分布在育雏器的育雏平面上，表明温度适宜。

产蛋鸡一般情况下不再考虑温度调控指标，而应关注鸡舍环境通风的控制指标。

鸡舍降温的方法

（1）隔热和遮阳　夏天采取遮阳措施不仅能遮住直射阳光，还可以减轻热辐射。

墙壁和天花板都必须安装绝热材料，大多数绝热装置用于屋顶部分，因为在炎热的夏天屋顶是阳光直接照射的部位，而在寒冷的天气中这又是失热最大的区域。

屋顶除使用隔热材料和建隔热层外，还可用麦秸、稻草等铺盖；或栽种蔓藤性植物，让藤性枝叶爬上屋顶；或在鸡舍两侧墙壁外栽种丝瓜、南瓜或爬山虎等蔓藤性植物，对防止辐射也很有成效。

鸡舍周围和运动场应种树遮阳，以种落叶树最好，这样，夏季遮阳，冬季仍有充足的阳光；也可大量种植山芋、牧草和蔬菜等，既可防热辐射，又可作青绿饲料。

(2) 安装通风设备　夏天为了驱除鸡舍顶室的热空气，必须安装通风设备。通常是在三角屋顶下或一端安装吸气换气装置，并在鸡舍顶室的一端有空气入口，通过气流散失顶室热量。

(3) 安装喷淋装置　有条件的可在屋顶安装喷淋水管。当天热时低压喷淋冷水(与厕所内长流喷淋水管差不多)。

(4) 加强通风换气　开放式鸡舍要打开门、窗，使空气自由流通。

要排除鸡舍周围阻挡通风的一切障碍物，割掉周围树木下面的枝和较高的灌木丛。

也可与机械通风配合使用，补充自然通风的不足。当气温在27℃以上时用机械送风，这样可按鸡群需要控制通风量和气流速度，调节鸡舍温度和湿度，促进鸡的体热散失。

夏季应加大鸡舍通风量。在鸡体周围的气流速度，夏季1.0~1.5米/秒、冬季0.3~0.5米/秒为宜。

(5) 降低饲养密度　适当降低鸡的饲养密度，供给鸡清凉的饮水；每天早晨在鸡舍四周洒水、保持周围潮湿，对降低舍内温度也有一定效果。

(6) 使用喷雾系统降温　在鸡舍中间每隔15米安放一台风机使其排成一行，构成纵向气流，在每个风机前面安装喷头，每小时喷洒4~12升细微水雾，水雾通过空气蒸发吸热，从而降低舍温。

(7) 负压蒸发垫及风机系统降温　把蒸发垫安装在鸡舍的一端墙上及进风口处，排风机安装在鸡舍的另一端。空气经过蒸发垫进入鸡舍，从而降低进入舍内空气的温度。

(8) 正压通风降温系统　这种方法是把降温设备安

装在鸡舍外面，空气被吸入并通过降温器的蒸发垫降温，然后进入鸡舍，由出气口排出。

鸡舍升温的主要方法

(1) 暖气供暖　温度均衡，效果最好，一次投资大，热效率高，运行成本低。

(2) 热风炉供暖　温度均衡性较暖气差，控制不好有冷应激。一次投资和热效率介于暖气和土暖炉之间，运行成本较土暖炉低。

(3) 土暖炉供暖　温度均衡性较前两者差，鸡舍温度波动大，但一次投资最小，热效率低，春秋季节有煤气中毒的可能，烧炉人员要加强管理与检查。

温度控制管理要点

(1) 育雏前舍温控制　雏鸡上笼前舍温应在30~32℃之间，以防盒内雏鸡因密度过高，引起温度升高，导致雏鸡脱水死亡。上笼时要缓慢升温，给雏鸡适应环境温度变换的时间。

(2) 进鸡第一天温度控制　应根据气候、房屋建筑和雏鸡的不同品种与健康状况来调整。通常外界温度高时，舍内温度应比正常要求低一些；外界温度低时，舍内温度应比正常要求高一些；弱雏的温度应比健雏要高一些。

(3) 温度控制注意事项

◆ 在育雏阶段，切忌温度忽高忽低，应始终保持一个平稳合适的温度环境。

◆ 温度计一般悬挂于距笼底5厘米处、相当于鸡背高度的位置。

◆ 要制定目标温度和脱温计划，从而达到温度平稳过渡的目的。但在饮水免疫和分群等应激反应大时，降温幅度应酌情适当减小。

◆ 冬季应注意做好保暖工作。鸡舍的门窗，在夜间或风雪天要挂草帘遮盖，有利于提高舍温；或在鸡舍的北墙外用玉米秸等搭成风障墙或垛草垛挡风御寒；也可在天棚顶上加稻壳、锯末等作防寒层。

3. 鸡舍的湿度[①]控制

湿度控制的目的

在鸡舍环境管理中最恶劣的两种条件（高温高湿和低温高湿）都是由高湿度造成的。这主要是由于空气湿度对鸡体蒸发散热和非蒸发散热都有影响，因此无论温度高低，高湿度对鸡的热调节都是不利的。

(1) 控制雏鸡水分流失　刚孵出的幼雏从相对湿度为70%的孵化器中孵出，如果直接放在干燥的环境中，雏鸡体内的水分随着呼吸大量蒸发，则腹内的蛋黄吸收不良，导致雏鸡饮水过多，易发生下痢，干瘪，羽毛生长缓慢。因此，应保持雏鸡舍有适宜的相对湿度[②]。

(2) 控制病原微生物的繁殖　空气湿度过高，会引起鸡体抵抗力下降，同时会促进某些病原微生物和寄生虫繁殖，使相应的疾病发生流行。湿度过大时鸡的羽毛易粘连污秽，关节炎病例也会增多。

(3) 控制鸡体散热　高温高湿时（℉＋相对湿度>180），鸡体蒸发散热困难，鸡只采食量减少，饮水量增加，继而使体温上升，终致中暑而死。

低温高湿环境下，鸡体主要通过辐射、传导、对流散热，高湿环境空气中水汽量大，其热容量和导热性均高（湿空气比干空气热容量大2倍，导热性大10倍），并能吸收鸡体的长波辐射，因而使鸡体失热过多，其对

①空气潮湿程度的物理量。用以说明空气中潮湿程度。通常以相对湿度、绝对湿度、水汽压、饱和差与露点等指标表示。

②空气中实际水汽压与同一温度下饱和水汽压之比。用百分率表示，说明空气中水汽的饱和程度。相对湿度越高，空气中水汽越多，愈接近饱和点；相对湿度愈低，则空气愈干燥。通常与空气温度成反比，温度愈高，则相对湿度愈低。

鸡群的影响比单纯的低温更严重。

(4) 控制舍内尘埃和悬浮粒子　鸡舍内的相对湿度如低于40%，鸡的羽毛生长不良，成鸡羽毛凌乱，皮肤干燥，空气中尘埃飞扬，微生物悬浮粒子增多，容易诱发呼吸道疾病。如果相对湿度过低，在极端情况下，会导致鸡脱水。所以秋冬季应适当增加空气湿度，一方面减少空气中悬浮粒子的数量，另一方面湿润的空气可减轻因气候干燥引起的鸡只呼吸道充血和呼吸道毛细血管破裂，防止病原微生物通过呼吸道侵袭。

鸡舍湿度控制的要求

鸡适宜的相对湿度为60%~70%。相对湿度在40%~72%范围内，只要环境温度不过高或过低，鸡体也能适应，对鸡群无显著的影响。

表8-5　不同阶段鸡舍湿度要求

饲养阶段	相对湿度（%）
1～3日龄	55～70
4～7日龄	55～70
8～14日龄	50～70
3周龄	45～70
4周龄	45～70
5周龄	45～70
6周龄	45～70
7～17周龄	40～70
18周龄以后	40～70

增加湿度的措施

◆ 设置喷雾装置：可随时加湿，保证湿度适宜。

◆ 增加带鸡消毒的频率：以达到净化空气和增加湿度的目的。带鸡喷雾是一项很好的措施。视育雏室的干燥情况，每日用背负喷雾器进行2~3次带鸡喷雾，并视室内温度高低，决定用凉开水或温开水。如结合带鸡消毒，在水中加入1/1 000的氯制剂或其他消毒剂则更佳，既可起到调节湿度的作用又净化了空气，同时可调节温度。

◆ 用火碱等消毒水拖地。

◆ 地面洒水。

◆ 在暖气片上泼水：育雏期加湿最好的方法。

◆ 放置盛水容器：对不是水泥地面，或育雏室内没有适宜的空间洒水时，可以放置一定数量的盛有水的容器，包括尚未使用的大鸡饮水器，注入清水，摆在或吊在雏鸡接触不到的位置。

降低湿度的措施

◆ 升高鸡舍温度：是迅速降低湿度的最好方法。温度每升高11℃，相对湿度可降低一半。

◆ 加大通风量。

◆ 杜绝漏水：杜绝供水系统各部分的漏水，包括水线管接头、乳头饮水器、饮水系统末端漏水等，保证每个乳头的位置和高度都合适，以免鸡体触碰漏水以及饮水时高度不适洒漏太多。

◆ 禁止冲刷鸡舍：禁止大面积冲刷鸡舍地面、走廊，防止水分蒸发、湿度上升而温度降低。

◆ 减少带鸡消毒的次数和用水量：减少每次带鸡消毒的用水量，以达到降低粉尘、净化空气的目的，避免过多的水喷到鸡身上和洒到地面上。

◆ 清除积水：经常清扫走道两边的积水（至少3遍），特别是下午下班前必须清扫一遍，以免增加夜间的湿度。

◆ 铺生石灰吸湿：在鸡舍地面长时间、大面积积水情况下，可铺生石灰吸湿，但必须小心铺洒并及时更换掉湿的生石灰。

4. 光照[①]管理与控制程序

光照控制的目的 鸡属长日照动物，在各种不同饲养期都必须有合理的光照，其主要目的是：

(1) *方便采食* 育雏初期小鸡的视力较弱且不熟悉鸡舍内的环境，必须给予充足的光照强度[②]和光照时间[③]，以使小鸡尽快熟悉环境，找到水、料。延长成年鸡用于采食的时间，提高采食量。

(2) *控制性成熟* 控制光照主要是控制蛋鸡开产时性成熟和体成熟能够同时达标，促进繁殖器官的发育。光照对鸡的产蛋性能影响较大，合理的光照能刺激排卵，促进鸡的正常生长发育，增加产蛋量。

(3) *防止啄癖的发生* 育成期需要适当控制光照强度，以防止鸡只啄羽、啄肛等。

光照管理的原则 光照控制贯穿于养鸡生产的始终，对鸡生长发育和繁殖有决定性作用。总体原则是生长阶段光照时间不能过长，产蛋阶段光照时间不能过短，总体光照强度不能过大；否则育成期体重很难达标，产蛋高峰推迟及高产期的持续时间短，啄羽、啄肛等异嗜现象严重。

光照时间、光照强度一旦确定，不要随意变动。

开放式鸡舍光照管理方案[④] 开放式鸡舍受自然光照[⑤]影响，要通过人工补充光照来控制光照时间，因此，光照管理必须要考虑当地的纬度和鸡只入舍时间。有两种情况，一种情况是育雏、育成期处于日照时间不断减少的时期（每年夏至到冬至这段时间）；另一种情况是育雏、育成期处于日照时间不断增加的时期(每年冬至到夏至这段时间)。

①泛指各种光源的光线照射。光照是家禽必需的物理因素，特别对其性成熟与繁殖起着重大的作用。因所利用的光源不同，分自然光照与人工光照。家禽在生长与繁殖阶段对光照有不同的要求，故有生长期光照与产蛋期光照之分，其光照时间与光照强度均有所不同。

②自然光线或灯光的照度。

③日照或者人工照明的小时数。自然光照时间一般是计日出到日没的钟点；人工光照时间是计开并灯的钟点。

④又称“光照制度”。对采用的人工照明作出详尽而具体的安排与规定。

⑤利用自然光线进行光照的方法。自然光照不需要耗费电力与燃料，不需进行光照的控制与调节，光照管理比较简单。

表 8-6 光照方案（春雏，3～5 月份育雏）

周 龄	日 龄	光照时数	备 注
1	1～2	23	对照本地区太阳出没时间表，通过人工补光达到光照总时数。当育成鸡体重达标或超标后，从 16 周龄开始光照时间只能增加不能减少。 从 18 周龄/20 周龄/21 周龄开始每周逐渐增加 0.5～1 小时光照刺激，促进多数鸡性成熟；到达 22 周以后或进入产蛋高峰后维持 16 小时光照，绝对不可以随意增减光照时数和光照强度。
1～15	3～105	自然光照	
16～17	106～119	15	
18～21	120～147	16	
22～72	148～500	16	

表 8-7 光照方案（秋雏，7～9 月份育雏）

周 龄	日 龄	光照时数	人 工 补 光
1	1～2	23	对照本地区太阳出没时间表，通过人工补光达到光照总时数。当育成鸡体重达标或超标后，从 16 周龄开始光照时间只能增加不能减少。 从 18 周龄/20 周龄/21 周龄开始每周逐渐增加 0. 5～1 小时光照刺激，促进多数鸡性成熟。到达 22 周龄以后或进入产蛋高峰后维持 16 小时光照，绝对不可以随意增减光照时数和光照强度。
1～13	3～91	自然光照	
14～17	91～119	12	
18～19	120～133	13	
20～21	134～147	14	
22～25	148～175	15	
26～72	176～500	16	

半开放鸡舍光照程序 半开放鸡舍光照时间受自然光照影响，光照程序按具体的光照时间执行，在制定光照程序时应与当地自然日照相结合。下面给出一个建议的光照程序供参考：

(1) 春季进雏 自然日照时间逐渐延长，为了防止鸡性早熟，可找出鸡在 18 周龄时的自然日照时间，使鸡群从第 3 周龄开始至第 18 周龄一直采用此光照时间，不足部分由人工补充光照，18 周龄增加 1 小时光照或者增加至 13 小时，18 周龄以后每周增加光照 15 分钟，直至达到 16 小时光照。

(2) 秋季以后进雏 自然日照时间逐渐缩短，为了避免鸡只性成熟延迟，需要在日照时间缩短到 8 小时以后保持恒定的光照时间，不足部分由人工补光，直到16周龄以后按密闭鸡舍光照程序执行。

密闭式鸡舍光照程序

表8-8 密闭式鸡舍光照程序

饲养阶段	光照时数（小时）	光照强度（勒克斯）①
1～3日龄	24	20
4～14日龄	24～13	20
3周龄	12.5～9.5	20
4周龄	9	20
5～16周龄	8	5
17周龄	9	5
18周龄	10	5
19周龄	11	5
20周龄	12	10～20
21周龄	12.5	10～20
22周龄	13	10～20
23周龄	13.5	10～20
24周龄	14	10～20
25周龄	14.5	10～20
26～30周龄	15	10～20
31～35周龄	15.5	10～20
36～60周龄	16	10～20
61周龄以后	16.5	10～20

注：①每月一次定点监测光照强度。
②所有光照时数的改变均为渐变过程。
③光照程序的实施及调整，要考虑相关因素及整体方案的系统性。
④产蛋期的光照程序及时间安排可根据不同季节、温度和体重情况做适当调整。

①勒克斯为照度单位，英文 lux 的音译，即米烛光。相当于1流明的光通量均匀照在1米²面积上所产生的照度。1勒克斯=0.092 9英尺烛光。

管理要点

◆ 光照控制是指对光照时间和强度的同时控制，二者应同步进行。在调整光照时数的同时，光照强度的增加也非常重要。

◆ 光照刺激时间应于鸡只体重达到性成熟体重时

开始。

◆ 育成期：每天光照时间要保持稳定或逐渐减少，切勿增加光照时间；

◆ 产蛋期：每天光照时间逐渐增加后，保持稳定，切勿减少光照时间。

◆ 每日开、关灯的时间应固定。

◆ 一般情况下，育雏期（0~6 周龄）鸡对光照时间要求为 23~18.5 小时，光照强度为 10~30 勒克斯，以暖色光源为主。

◆ 为了帮助雏鸡找到饮水器和喂料器，建议在入舍后的 48 小时内采用强光照，35 勒克斯。

◆ 育成期光照时间要求为 8~9 小时，光照强度为 5 勒克斯，用暖色光源。

◆ 产蛋期光照时间要求为 14~16 小时，光照强度为 10~12 勒克斯，以冷色光源为主。

◆ 通常灯高 1.5 ~ 2 米，灯距 3 米，光照强度 1 瓦 / 米 ^{2} 时约为 6.15 勒克斯光照强度。

◆ 在设计光照时，笼养鸡照度应该提高一些，一般按 3.3~3.5 瓦 / 米 ^{2} 计算。

◆ 人工补充光照，以每天早晨天亮前效果最好。补充光照时，舍内每平方米地面以 3 ~ 5 瓦为宜。灯距地面 2 米左右，最好安装灯罩聚光，灯与灯之间的距离约 3 米，以保证舍内各处得到均匀的光照。

九、疫病综合防控

目标

- 了解疫病综合防控的基本措施
- 掌握常用的消毒方法和消毒程序
- 掌握免疫程序和免疫接种的方法
- 掌握药物防治的基本方法
- 熟悉日常监测工作和发生疾病时应采取的紧急措施
- 了解蛋鸡场兽医卫生防疫制度的基本内容

1. 疫病综合防控的基本措施

在鸡病的预防①和控制②中，最基本和最重要的原则和措施主要有以下几个方面。

鸡场的选址与布局 鸡场的选址应符合本地区畜牧业发展总体规划、土地利用发展规划、城乡建设发展规划和环境保护规划的要求，除考虑交通运输便利、方便生产经营、水电供应通畅等因素外，应着重考虑以下条件：

◆ 地势较高，采光充足，排水良好，周围有绿化隔离带或隔离条件好。

◆ 水质良好，符合要求。

◆ 生产区、生活区、行政区严格分开。

①疾病预防，就是采取各种措施避免鸡群遭受疾病感染。

②疾病控制，就是减少发病，降低发病率。

◆ 生产区内应严格区分专用的净道和脏道。

◆ 在鸡场大门口、生产区进出入口以及每栋鸡舍的门口都应设置消毒池。

建筑与设施

◆ 鸡舍内墙面要求光滑，以便于清洗和消毒，并能耐酸、碱等消毒药液清洗消毒。

◆ 鸡舍应具备良好的防鼠、防蚊蝇、防虫和防鸟设施。

◆ 设备具有良好的卫生条件并适于卫生检测。

◆ 笼具、笼架、料桶和饮水器的设计要合理，易于消毒和添加药物。

避免引进带菌带毒鸡或病鸡等传染源 由新引进的鸡将疾病带进场内，是鸡场发生疫病的主要原因之一。因此，必须避免从发病鸡场或疫情不明的鸡场引进雏鸡、小鸡或其他禽类。应避免在同一个场内饲养不同品种的鸡，必要时应引进健康无病的种蛋或种雏。

人员的控制 应当让所有人知道人本身就是一种重要的疾病传播媒介。

许多传染病都可由人们被污染的手、鞋和衣服等直接传播或通过污染的寄生虫等而间接传播，如新城疫、马立克氏病、禽霍乱、传染性支气管炎和沙门氏菌病等。为此所有人员必须在每次进出鸡舍前进行严格而彻底的淋浴、消毒和更衣。

全进全出制① 其执行程序是：

(1) 全群同期进场（舍） 即当购买1日龄母雏或后备蛋鸡时，不论数量多少，一律集中在一周内全部进齐。

①指在同一栋鸡舍或同一场、同时间内只饲养同一日龄的鸡，经过一个饲养期后，在同一天（或大致相同的时间内）全部出栏。

(2) 全群同期出场（舍） 后备蛋鸡场的鸡养到出场（或转群）日龄或蛋鸡场的蛋鸡养到淘汰日龄时，全场或全舍所有的鸡一律在1~3天内出场，场内各栋鸡舍或某一栋舍实现全面清空。

(3) 全场（舍）消毒、鸡舍置闲 鸡群全部出场后，对鸡舍及其设备进行全面彻底的清扫、冲刷和消毒。鸡舍至少空闲两周不养鸡。

隔离①

其基本程序见图9-1。

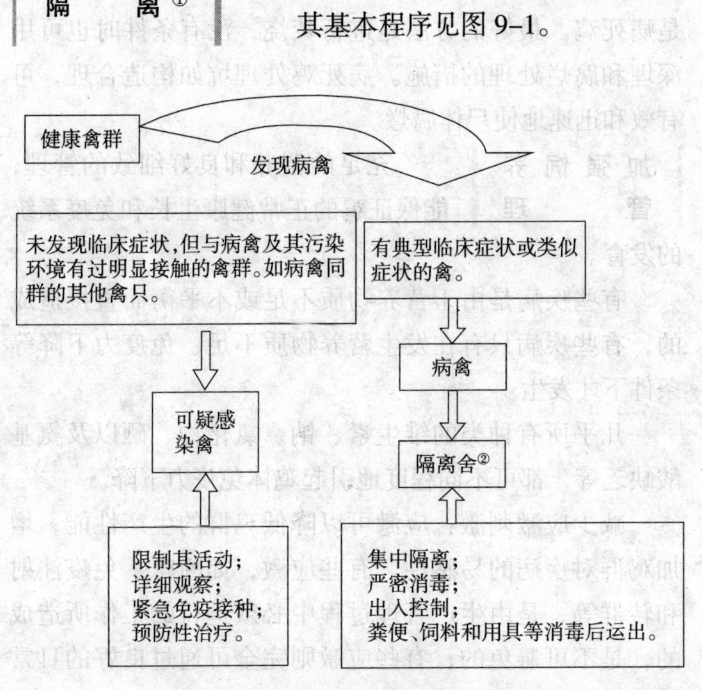

图9-1 隔离的基本流程

环境卫生管理

清洁卫生的环境，包括鸡舍外的大环境和鸡舍内的小环境，可以有效地防止各种原因引起的疾病暴发。生产中最常用和最普通的消毒法是用机械性的方法清除病原体，如清扫、冲洗和通风等。

①隔离就是指为控制传染源，防止健康禽群继续受到传染，将假定健康动物群与病禽、可疑感染禽分开，区别对待。

②应选择不易散播病原体、消毒处理方便的舍进行隔离。

清扫、冲洗可以清除舍内的粪便、垫料、设备和用具上的大多数病原微生物[①]，是一切消毒措施和程序的基础。这些方法不能达到彻底消毒的目的，必须配合其他消毒方法，才能将残留的病原菌彻底消灭干净。

通风虽不能直接杀灭病原体，但能减少空气中病原菌的数量。

病死鸡和废弃物的处理 死鸡和舍内的其他有机物均可传播疾病，必须进行适当的处理，特别是病死鸡。最好的方法是进行焚烧，没有条件时也可用深埋和腐烂处理的措施。病死鸡处理坑如构造合理，可有效和迅速地使尸体腐烂。

加强饲养管理 充足的营养和良好细致的管理，能保证鸡的正常健康生长和免疫系统的发育。

有些疾病是由于营养物质不足或不平衡而直接造成的，有些疾病只有在发生营养物质不足、免疫力下降等条件下才发生。

几乎所有种类的维生素、钠、氯化物、硒以及氨基酸缺乏等，都可不同程度地引起鸡体免疫力下降。

减少应激刺激：应激可以降低鸡群的生产性能，增加鸡群对疾病的易感性。有些应激，如断喙、免疫注射和转群等，是由生产管理过程中必须进行的工作所造成的，是不可避免的；有些应激则完全可通过良好的日常管理措施而得到预防和避免。例如，空气中氨浓度过高、光照不适宜和饲养程序不当等，通过饲养员的精心工作可完全避免其发生。

消毒 消毒[②]是防疫工作中的一个重要环节。

鸡场消毒根据场所不同可分为舍内消毒[③]、舍外（环境）消毒[④]和定点消毒[⑤]；根据时机不同，可分为定期消

①经常清除粪便，加强日常清扫和严格消毒，可防止病原体在场内和舍内的定居和蔓延扩散，降低鸡群的死亡率，充分发挥鸡的生产性能。

②消毒是指用物理或化学等方法杀灭病原微生物或使其失去活性。

③舍内消毒主要是指对鸡舍内的地面、墙壁、空间、房顶及屋内各种设备、物品的消毒。

④舍外消毒主要是指对场院内室外环境的消毒。

⑤定点消毒是通常随时进行的消毒，包括：对进入鸡场或生产区人员、车辆、物品的消毒，鸡舍用具的定期清洗、消毒等。

毒和随时消毒。

其他消毒工作包括：饮水管或饮水槽、食槽的冲洗消毒，职工防疫服的消毒。

免疫接种　免疫是防止传染病发生的重要手段。养鸡场必须根据本场疫病的发生情况认真做好各种疫病的免疫工作。

◆ 制定或选择最佳免疫程序：制定最佳免疫程序的目的在于用最少的人力、物力，收到最理想的免疫效果，以全面提高鸡群抗传染的免疫水平，达到控制和消灭相应传染病的目的。

◆ 选购合格厂家生产的优质疫苗，不用过期、失效、保存不当和标签、说明书不全的疫苗。

◆ 使用的疫苗要确保质量和免疫的剂量准确，免疫接种方法得当。

◆ 免疫前后要保护好鸡群，避免各种应激，提高免疫效果。

药物防治①　在正确诊断和检测的基础上，选择对症或针对某病原体敏感的药物。

◆ 在防治效果近似的情况下，选择毒性小、副作用弱的药物用于防治更安全。

◆ 在防治效果、安全性相近的情况下，应尽量选择价廉、货源广、便于保存和使用的药物。

◆ 按规定的剂量和浓度用药。

◆ 按规定的疗程用药。

◆ 选择最适合的投药方式。

日常监测　蛋鸡场的日常监测主要包括免疫抗体效价监测，即应用相应的监测技术，监测禽流感和新城疫等主要疫病的免疫抗体水平，了解鸡群健康状况及疫苗免疫效果，分析免疫抗体效价变化规律，以科学指导免疫接种工作。

①为了预防某些动物疫病，在饲料或饮水中加入某种安全的药物进行的化学预防。可在一定时间使受威胁的易感动物不受疫病的危害，也是预防和控制动物传染病的有效措施之一。

①指从临床感染恢复，但鸡体的某些部分仍然携带有传染性微生物的鸡只。许多疾病都是由这类健康带毒鸡传播的。

有条件的，要定期进行微生物监测，包括物体表面和空气的微生物污染程度，以及饮水和饲料等的微生物污染状况。

2. 避免引入传染源

蛋鸡场常见的疾病传染来源及控制对策

表 9-1 蛋鸡场疾病的来源及其控制对策

类别	主要来源	控制对策
人员	包括饲养人员、邻居、饲料或兽药等销售人员、参观者等。 主要是通过人手、衣服和鞋沾上病原体；使用污染的设备；饲养管理大意；人自身感染；与邻居相互走访	谢绝一切参观；所有人员在进出场时都要执行消毒制度；不同鸡舍的饲养员不得串舍；接触可疑病鸡后要及时洗手、消毒、更换鞋和工作服；参加断喙、转群、清理垫料、免疫接种等工作人员，在工作前后一定要严格消毒
健康带菌（毒）鸡	这些外表健康的鸡，其体内仍然有病原菌繁殖，并可通过呼吸道或消化道等途径向外界排毒。	隔离饲养； 加强消毒
恢复病鸡①	有的疾病通过治疗能够康复，但康复鸡只能长期带菌、排菌，污染周围环境，威胁其他鸡。常发生于多日龄组鸡群和混合品种鸡群。	尽量实行全进全出制，即一个场饲养同一批的鸡； 确因生产需要时，要分开、分工饲养；
饲料	是最常见、易忽视、难防止的传染来源。 饲料因原料、生产加工、包装袋、运输贮存等环节管理不当而被病原污染。 有些饲料成分可能含有病原体，如肉骨粉、鱼粉中含有沙门氏菌等。	加强检疫和消毒； 使用植物蛋白成分加某些人工合成的必需氨基酸的无鱼粉饲料； 避免重复使用饲料包装；
新引进雏鸡、种鸡和种蛋	垂直传播的疾病：如慢性呼吸道病、禽白血病、减蛋综合征等； 由于蛋壳表面污染粪便、污物，病原乘机而入，如马立克氏病病毒、大肠杆菌和沙门氏菌等。	对种鸡要定期检疫，淘汰阳性种鸡。 加强种鸡的饲养管理； 做好种蛋的收集、消毒、贮存、孵化等管理工作；

（续）

类　别	主要来源	控制对策
设备和器具	器械、用具：可携带病原和寄生虫。易忽视消毒的设备有：断喙器、连续注射器、疫苗保温桶、运输小车等。	鸡场大门口应设置消毒池，加强进出入车辆的消毒； 注意各种器具的消毒。
其他多种原因	包括：实验室泄漏、啮齿动物、野禽、昆虫等。狗和猫等动物可能携带巴氏杆菌、某些寄生虫等；老鼠的排泄物会污染饲料和垫料，使鸡场不断发生沙门氏菌病。	要注意灭鼠、防鸟；杀灭昆虫、甲壳虫； 鸡场要及时清扫、消毒，喷洒杀虫剂以防虫害。

3. 消毒

做好鸡场的卫生消毒工作，是有效控制和消灭病原微生物，防止疾病发生的重要措施。

消 毒 方 法　消毒方法主要有物理消毒法、化学消毒法和生物消毒法。

(1) 物理消毒法

①阳光：阳光是天然的消毒剂，其光谱中的紫外线有较强的杀菌能力，阳光照射引起的干燥也具有杀菌作用。阳光照射几分钟到数小时，即可杀灭一般的病毒和病原菌。

②紫外线：一般要求在 30 分钟以上，每平方米需 1 瓦特的光能。但应注意，其杀菌作用受到很多因素的影响，而且只对表面光滑的物体才有较好的消毒作用。紫外线对人体有一定的损害，应注意防护。

③高温：使用高温进行烘烤或用火焰进行烧灼，是一种既简单又有效的消毒方法（表 9–2）。

(2) 化学消毒法　在养鸡场，最常用的消毒方法是用化学药品进行消毒。常用的化学消毒剂[①]主要有酸类、碱类、氧化剂、酚类、甲醛、醇类等消毒药。每种消毒

①理想的化学消毒剂应当：在空气和水中性质稳定，不变质；易溶于水，使用方便；对人和动物比较安全；单位成本低；杀菌效果好，对多种病原微生物有效；无令人讨厌的或持久的气味和臭味；不会在禽肉、蛋内蓄积；对容器和纤维物品等没有破坏性和腐蚀性。

表 9-2 常用的高温消毒方法

方法	用途	注意事项
煮沸消毒	各种金属物品、用具、玻璃器具、衣物等	加入少许碱，如苏打或肥皂等，可防止金属生锈，提高沸点，增强消毒效果
蒸汽或高压蒸汽	各种金属物品、用具、玻璃器具、衣物等	
高温烘烤	各种金属物品、玻璃器具等；	
火焰烧灼	粪便、垫草、污染的垃圾、价值不大的物品；病死鸡的尸体等； 鸡舍地面、墙壁、鸡笼或其他金属物品等；	应注意周围环境和鸡舍物品的安全；

药都有自身的最佳应用范围和环境。

（3）*生物消毒法* 生物消毒法是利用发酵产生的热能杀死病原微生物，达到消毒目的，适用于粪便及垫料的消毒。可将粪便废弃物装入发酵池，装满后密封 3 个月使其发酵。

消毒设施和设备

◆ 鸡场大门口设置消毒池、消毒间。

◆ 消毒池底、池壁为防渗硬质水泥结构，宽度与大门宽度基本等同，长度为进场大型机动车车轮一周半长，深度为 30~50 厘米。

◆ 鸡场大门口设置消毒间：须安装紫外线灯、地面设有消毒垫。

◆ 每栋鸡舍入口处设置消毒池或消毒槽、消毒垫及消毒盆。

◆ 配备喷雾消毒机等消毒设备及器械。

消毒程序

（1）*鸡舍的消毒* 在全栋鸡淘汰出清后，必须对整个鸡舍及其所有的设备进行彻底的清洗和消毒，方可重新引进新的一批鸡饲养。其具体步骤见图 9–2。

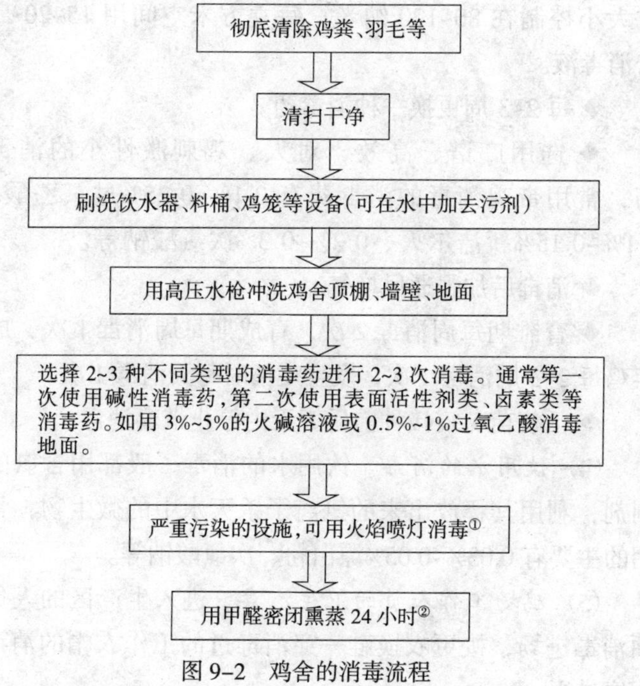

图 9–2　鸡舍的消毒流程

(2) 环境消毒　保持场内环境清洁卫生。

◆ 每周用 3%火碱水或 5%来苏儿或 1%优氯净等喷洒消毒一次。

◆ 在鸡舍周围撒生石灰或 2%~3%的火碱等。

◆ 定期对鸡场内主要道路进行彻底消毒，每周至少用 2%火碱消毒或撒生石灰一次。

◆ 场区周围及场内污水池、下水道出口、清粪口至少每半个月消毒一次。

◆ 及时清理场区杂草，整理场内地面，排除低洼积水，疏通水道，最好每年将环境中的表层土壤翻新一次。

(3) 带鸡消毒　带鸡消毒一般在鸡 10 日龄以后进行。

◆ 喷雾消毒时应关闭门窗，按照由上至下、由内至

①火焰消毒：用酒精、汽油、柴油、液化气喷灯进行瞬间灼烧灭菌，适用于鸡笼、地面、墙面及耐高温器物的消毒。

②舍内温度保持在 20℃以上，相对湿度 60%~80%。福尔马林与高锰酸钾之比为 2:1，每立方米用甲醛 14~42 毫升，高锰酸钾 7~21 克。密闭熏蒸 24 小时以上。

外的顺序进行；消毒时间要固定，在傍晚或暗光下进行；喷雾时喷头向上喷出雾粒，切忌直对鸡头喷雾，雾粒大小控制在80~120纳米；每立方米空间用15~20毫升消毒液。

◆ 每2~3周更换一种消毒药。

◆ 选用广谱、高效，对人、鸡刺激性小的消毒药，常用带鸡消毒的消毒药有0.1%~0.25%过氧乙酸、0.1%~0.15%新洁尔灭、0.2%~0.3%次氯酸钠等。

◆ 消毒后加强通风换气。

◆ 育雏期每周消毒2次，育成期每周消毒1次，成年鸡每2~3周消毒1次，发生疫情时每天消毒1次。

◆ 活疫苗免疫接种前后3天内停止带鸡消毒。

(4) 饮用水的消毒　饮用水的消毒一般都用含氯的制剂，利用其释放出来的氯离子杀灭水中的微生物，常用的主要有0.03%~0.05%漂白粉、次氯酸钠等。

(5) 鸡场工作人员的卫生消毒　进入生产区的人员须消毒进场，按更衣换鞋—穿消毒过的工作衣帽的消毒程序进行。

◆ 每次进出鸡舍，都要进行消毒更衣；

◆ 衣服要定期清洗消毒，平时放在有紫外线照射处消毒。

◆ 鸡舍门前设置的脚踏消毒槽、垫，每周至少更换2次消毒液，保持有效浓度。

◆ 检查巡视鸡舍的工作人员、生产区的技术人员及负责免疫工作的人员，应每免疫完一批鸡群，用消毒药水洗手，并用消毒药浸泡工作服，洗涤后在阳光下曝晒消毒。

◆ 工作人员进出不同鸡舍应换穿不同的橡胶长靴，将换下的橡胶长靴洗净后浸泡在另一消毒槽中，并洗手消毒，工作服、鞋帽于每天下班后挂在更衣室内，用足够强度的紫外线灯照射消毒。

(6) 用具消毒

◆ 饮水器、料槽、料桶、水箱等用具每周至少清洗消毒一次。可用0.1%新洁尔灭或0.2%~0.5%过氧乙酸消毒。

◆ 免疫用的注射器、针头及相关器械每次使用前、后均应煮沸消毒。

◆ 化验用的器具和物品在每次使用后也须消毒。

◆ 蛋箱、雏鸡箱和鸡笼必须经过严格的消毒，所有工具应事先刷洗干净，干燥并进行熏蒸消毒后备用。

◆ 运送鸡蛋的封闭货车或集装箱要彻底消毒。

◆ 车辆在生产区入口处用高压喷枪冲洗消毒后，方可进入场区。消毒剂每周更换两次。

(7) 粪便的消毒　每天清除鸡粪，并及时通过运粪车运往无害化处理区，利用生物热消毒法对鸡粪进行发酵处理，稀薄粪便注入发酵池或沼气池。

将粪便废弃物装入发酵池，装满后密封3个月。

4. 免疫

常用疫苗种类　目前，市场上常用的疫苗可以分为活疫苗①、灭活疫苗②和基因工程疫苗③三大类。

(1) 活疫苗　可用较少的免疫剂量诱导动物产生较强的免疫力，具有免疫期长、不影响动物产品品质等优点。活疫苗需要低温保存。目前，禽用活疫苗有新城疫、马立克氏病、传染性支气管炎、传染性喉气管炎等弱毒冻干疫苗。

(2) 灭活疫苗　优点是使用安全和易于保存，价格较低，免疫效果良好；缺点是必须逐只注射，接种剂量

①指用人工的方法使病原体减毒或从自然界筛选病原体的无毒株或弱毒株制成的活微生物制剂。

②又称为死疫苗或油佐剂疫苗（油苗）。指将病原微生物经理化方法灭活后制造的疫苗。灭活后的病原微生物仍然保持免疫原性，接种后可使动物产生特异性免疫力。

③指用分子生物学技术对病原微生物的基因组进行改造，以降低其致病性，提高其免疫原性，或者将病原微生物基因组中的一个或多个对预防疫病有用的基因克隆到无毒的原核或真核表达载体上制成的疫苗。

大，动物接种后免疫反应也较大。目前，禽用灭活疫苗有高致病性禽流感、新城疫等灭活疫苗。

(3) 基因工程疫苗　如新城疫—禽流感重组二联活疫苗、禽痘—禽流感重组二联疫苗等。

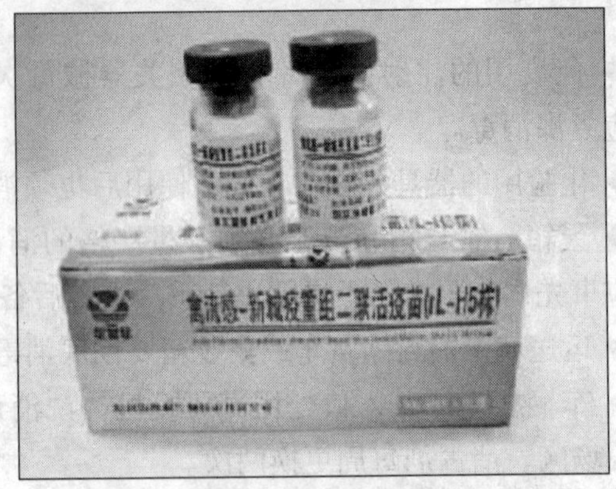

图 9-3　新城疫—禽流感重组二联活疫苗

疫苗的保存　疫苗种类不同，要求的保存条件也不一样。一定要仔细阅读疫苗使用说明书或标签，严格按照要求保存疫苗。

(1) 活疫苗　应低温保存。国产冻干活疫苗应在-20℃以下保存，进口冻干活疫苗应在 2～8℃保存。

(2) 灭活疫苗　灭活疫苗在冷藏室 2～8℃保存。切勿冻结，并注意不要曝晒。

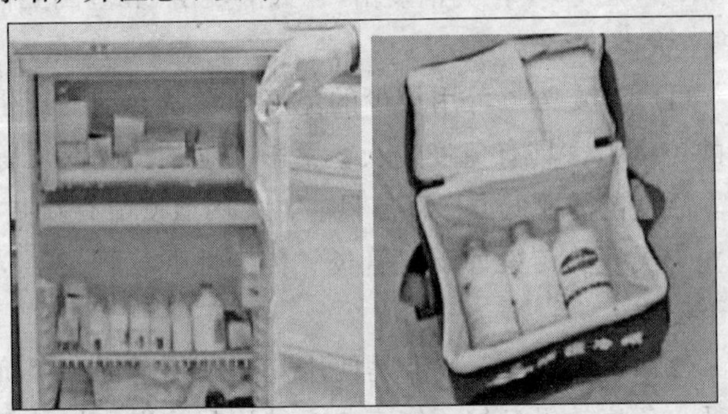

图 9-4　疫苗的保存

免疫接种方法 每种疫苗都有其特定免疫程序和最佳接种途径，如弱毒疫苗应尽量模仿自然感染途径接种，灭活疫苗应皮下或肌肉注射接种。

家禽接种的途径主要有饮水、滴鼻点眼、气雾、刺种、涂肛、皮下注射和肌肉注射等。

（1）饮水免疫法[①] 根据禽群的饮水量计算用水量，将3倍剂量供口服的疫苗溶于水中，装入饮水器或供水桶内，供禽群自由饮用，2小时内饮完。

（2）滴鼻点眼法 使疫苗从呼吸道进入体内，对于幼雏禽可避免或减少疫苗病毒被母源抗体中和，可刺激其产生局部免疫，效果好，是最好的免疫方法之一，适用于新城疫Ⅱ系、Ⅳ系、CL30等疫苗的免疫，新城疫首免一般应用此法。

按疫苗使用说明书规定的稀释方法、稀释倍数和稀释剂进行疫苗稀释。不带专用稀释液的疫苗应选用蒸馏水、无离子水或生理盐水稀释。

操作：防疫人员左手握住鸡体，用拇指和食指夹住其头部；右手持滴管将疫苗滴鸡眼、鼻各一滴（约0.05毫升），待疫苗进入眼、鼻后，将鸡放开。操作要迅速，还要防止漏滴和鸡甩头。稀释疫苗前应先计算好所用滴管1毫升有多少滴，一般1毫升约20滴。

（3）皮下注射法 选择注射部位宜在鸡颈背部后1/3处。

操作人员使鸡头朝前、腹朝下，食指与拇指提起鸡头颈部背侧皮肤并向上提，右手持注射器由前向后从皮肤隆起处刺入皮下，注入疫苗。

（4）肌肉注射法 肌肉注射免疫一般采用12号针头将疫苗注射到家禽胸部或腿部肌肉。

选用胸部肌肉注射时，一般应将疫苗注射到胸骨外侧2～3厘米的表面肌肉内。注意进针方向应与鸡体保持

①饮水免疫注意事项：a. 疫苗剂量要加大，一般2～4倍为宜。b. 稀释疫苗不能使用金属容器；稀释疫苗的饮水不能用自来水，可用蒸馏水、无离子水或深井水。也可在饮水中添加0.1％的脱脂奶粉。c. 饮水器要充足、干净。d. 服用疫苗前应让鸡群停止饮水2～4小时（时间长短视天气而定）。e. 稀释疫苗的用水量要适当。根据禽群的饮水量计算用水量，然后适当加量（约为饮水量的120%）。f. 免疫前后2天内，饮水中不能用消毒药。

45° 角倾斜向前进针，以避免刺穿体腔或刺伤肝脏、心脏等，对体格较小的鸡尤其要注意。

腿部肌肉注射的部位通常应选在无血管处的外侧腓肠肌。进针方向应与腿部平行，顺着腿骨方向并保持与腿部 30° ~45° 角进针，将疫苗注射到腿部外侧腓肠肌的浅部肌肉内，避免刺伤腿部血管。

免疫程序的制定　可用于鸡群的疫苗种类繁多，免疫程序也是多种多样。在制定免疫程序时，应重点考虑以下几方面的因素。

◆ 本地区流行的主要疾病。

◆ 鸡群的发病史：在确定免疫计划之前，要查看一下本场发生过哪些疾病。

◆ 血清学监测结果：日常血清学监测的结果，可以说明鸡群的免疫状况，可指导免疫程序的设计。

◆ 鸡的日龄：不同日龄的鸡，应当采用不同种类的疫苗进行接种。有些疫苗对雏鸡的毒性较大，不宜用于雏鸡和青年鸡。

◆ 鸡群健康状况：对已经表现明显的呼吸道症状、腹泻，以及发生严重内外寄生虫侵袭的鸡群，不应进行免疫注射。这种应激刺激会加剧免疫注射后的反应。为了取得良好的免疫效果，必须取得最大数量的免疫保护数和最小数量的不良反应鸡数。

建议免疫程序

表 9-3　建议的免疫程序

日　龄	疫　　苗	剂　量	接种方法
0	马立克氏病液氮苗	1 羽份	颈部皮下注射
7	新城疫、传染性支气管炎、肾型传染性支气管炎三联苗	1 羽份	滴鼻或点眼
	新城疫油苗	0.3 毫升	颈部皮下注射
10	鸡传染性法氏囊病疫苗	1 羽份	滴口

（续）

日 龄	疫 苗	剂 量	接种方法
12	禽流感 H5N1Re-4+Re-5 株	0.3 毫升	胸肌注射
18	鸡传染性法氏囊病疫苗	1 羽份	滴口
22	新城疫、传染性支气管炎、肾型传染性支气管炎三联苗	1.5 羽份	滴鼻或点眼
	新城疫+传支二联油苗	0.5 毫升	颈部或胸肌注射
30	禽流感 H5N1-Re-4 株，H5N1-Re5 株，H9N2 株	0.5 毫升	颈部或胸肌注射
35	传染性喉气管炎疫苗	1 倍量	点眼
	鸡痘	1 倍量	翅下三角区刺种
55	克隆Ⅰ系	1 倍量	注射
75	传染性喉气管炎疫苗	1 倍量	点眼
	鸡痘疫苗	1 羽份	翅下三角区刺种
85	Ⅵ系+H52	2 羽份	饮水或点眼
110～120	新支减三联油苗	0.5 毫升	颈部或胸肌注射
	同时Ⅵ系+H52 二联苗	1 羽份	滴鼻或点眼
120～130	禽流感 H5N1-Re4 株，H5N1-Re5 株，H9N2 株	0.5 毫升	颈部或胸肌注射
130～140	新城疫Ⅰ系	3 倍量	腿肌注射
130～140	新城疫油苗	0.5 毫升	胸肌

免疫接种注意事项

◆ 不要将两种或两种以上的疫苗混在一起使用。

◆ 剩余的疫苗不要再使用，因为其免疫效果在一夜之间会大大减低。

◆ 预防注射过程应严格消毒，注射器要洗净煮沸消毒，针头要经常更换。

◆ 在使用疫苗前，应仔细了解疫苗的生产日期、失效日期、保存方法和时间、剂量、稀释液、稀释方法及使用方法等，特别要注意是否因高温、日晒、冻结、发霉和过期等而造成疫苗失效。

◆ 使用剂量小是错误的，也是十分危险的，这可能会导致免疫失败。

◆ 在使用活毒疫苗进行饮水免疫时，必须注意先中和水中的消毒剂；必须在每 40 升水中添加 100 克脱脂奶粉，作为病毒的保护剂；然后再稀释疫苗，彻底混合均匀后给鸡饮用，以获得有效的免疫保护力。

◆ 疫苗免疫接种最好在早晨进行，疫苗接种过程中，应避免阳光照射和高温环境。

◆ 防疫员开始工作前要更换工作服，进出各鸡舍必须走人行消毒通道（紫外线灯消毒的更衣室，消毒池）或用消毒盆消毒胶靴（冬季要用温水配制）。

◆ 携带物品的外包装要经喷雾消毒，免疫接种人员用消毒液洗手消毒。

◆ 为了保证免疫动物安全及接种效果，接种前先观察动物的健康状况，怀疑有传染性疫病时，暂缓接种。

◆ 及时更换针头，家禽注射一户更换一次针头，或注射一笼换一次针头，但最多不超过 100 只。

◆ 活疫苗稀释后必须在 2 小时内用完，灭活疫苗开启后必须在当天用完。

5. 药物预防和治疗①

选择药物的一般原则

◆ 选购药物前，应对鸡病进行准确诊断。

◆ 根据兽医的建议，到质量有保证、信誉好的兽药店购买药品，并注意每种药品包装上的批准文号、生产厂址、生产日期或保质期，以及使用说明书。

◆ 要了解药品的主要成分及含量，以便对症用药和适量用药，尤其是许多厂家生产的同一类药品，常冠以不同的商品名称，容易造成误导。

使用药物的方法

◆ 药物的使用一般可用饮水、拌料和注射等方法。

①在发生疾病之前，有计划、有目的地通过饮水或饲料等途径定期投服预防药物，不仅能有效地防止某些病原菌进入鸡体内，有效地预防和控制疾病的发生和蔓延扩散，而且还可抑制或杀灭侵入鸡体内的某些病原微生物，增强鸡体的抵抗力，提高鸡的生长速度、饲料转化率和产蛋率等生产技术指标。

◆ 饮水给药是最好的途径，但在用药前2~4小时应停止给水。稀释药物的水量应以保证所有鸡只均能在短时间内饮到并饮完为好。

◆ 不溶或难溶于水或苦味的药物可用拌料给药，但必须混合均匀，以免造成有些鸡只吃不到药而无效，或有些鸡只食入药物过量而中毒。拌料方法可采用逐步稀释法。

◆ 注射给药时，应注意用具和注射部位的消毒，注射部位要准确。

鸡常用药物

◆ 鸡常用药物主要有：抗菌药、抗球虫药等。

(1) 抗菌药　常用的有青霉素、氨苄青霉素、链霉素、庆大霉素、卡那霉素、红霉素、泰乐菌素、磺胺嘧啶、磺胺甲基异噁唑、磺胺间甲氧嘧啶、磺胺喹噁啉钠、磺胺氯吡嗪钠、土霉素、金霉素、多西环素、环丙沙星、氧氟沙星、诺氟沙星、倍氟沙星、恩诺沙星等。

(2) 抗球虫药　常用的有氨丙啉、氯苯胍、磺胺2，6—二甲氧嘧啶等。

用药注意事项

◆ 兽药批准文号每5年更换一次，批准文号过期的兽药已不能生产销售，购药时应注意。

◆ 使用原粉药物，既要用量准确，又要混合均匀，否则轻则无效，并易使细菌产生抗药性，重则引起中毒。

◆ 未做配伍试验前，不应随意配伍药物，更不能加大剂量，应以厂家推荐使用剂量或兽医师指导剂量为准。

◆ 磺胺类药物及其抗菌增效剂，直接影响鸡肠道微生物对维生素A与维生素B族的合成。长期应用会导致鸡贫血和出血，并造成肾脏损害；同时磺胺类药物与鸡体内碳酸酐酶结合，会降低其活性，使鸡体内碳酸盐的形成与分泌减少，致使母鸡产软壳蛋或薄壳蛋。

◆ 金霉素混合饲料浓度必须在0.05%以下，且连用不能超过7天，否则会造成产蛋量和蛋的品质下降。

◆ 14周龄以上的育成鸡和产蛋鸡禁用呋喃类药物，否则会因毒性反应导致产蛋率下降。

◆ 产蛋鸡应禁用莫能菌素、尼卡巴嗪、越霉素A、马杜拉霉素、盐霉素等抗球虫药，以及氨茶碱、病毒灵、硫酸黏杆菌素、新生霉素、北里霉素、维吉尼霉素及性激素（如丙酸睾丸素）等药物。

蛋鸡药物保健方案（参考）

表9-4 建议的蛋鸡药物保健方案

日 龄	药物名称及用药方式	主要作用	备 注
1	速补＋15%葡萄糖饮水； 0.01%高锰酸钾（水呈粉红色）饮水；	恢复体力，预防应激脱水 预防大肠杆菌病和沙门氏菌病	饮水保证3小时以上
2~7	电解多维饮水； 恩诺沙星拌料（100毫克/千克）	预防大肠杆菌病、沙门氏菌病	电解多维饮水至15日龄
8~10	黄芪多糖＋维生素K_3饮水	增强免疫力，减少断喙出血、应激	连用3~5天
12~15	泰乐菌素饮水（400毫克/千克） 电解多维饮水	预防慢性呼吸道病	连用3~5天
18~20	磺胺间甲氧嘧啶拌料（500~1 000毫克/千克） 电解多维饮水	预防球虫病和细菌性疾病	连用4~6天
28~30	保肝护肾药	解除前期用药对机体肝、肾的损害。	连用3天
35~38	百毒杀＋电解多维饮水 驱瘟止痢散拌料	预防病毒病和肠毒综合征	连用3天
45~50	土霉素饮水（400毫克/千克） 喹乙醇拌料（200毫克/千克） 电解多维饮水	预防禽霍乱 促生长	连用3天
60	左旋咪唑拌料(25毫克/千克体重)	驱虫	用一次

（续）

日　龄	药物名称及用药方式	主要作用	备　注
65～70	抗病毒中药拌料	预防病毒性呼吸道病	连用 4 天
75～80	环丙沙星饮水（50 毫克/千克） 速补＋黄芪多糖饮水	预防呼吸道病 防止转群应激 增强免疫力	连用 5 天
90～93	驱瘟止痢散拌料	预防水样腹泻	连用 4 天
105	丙硫苯咪唑拌料（30 毫克/千克体重）	驱虫	用一次
115～120	土霉素饮水（400 毫克/千克） 喹乙醇拌料（200 毫克/千克） 黄芪多糖＋速补饮水	净化肠道 提高鸡群整齐度 预防细菌病和应激反应	连用 3 天
130～140	阿莫西林饮水（100 毫克/千克） 速补＋黄芪多糖饮水	预防输卵管疾病 提高鸡群整齐度 预防细菌病和应激反应	连用 4 天

注：以后每个月用阿莫西林/氧氟沙星/土霉素/培氟沙星交替饮水，预防输卵管炎；用驱瘟止痢散拌料，预防消化道和呼吸道病，并每月用保肝护肾药饮水 3 天。

6. 日常监测程序

包括对鸡群的免疫状况、健康状况、正常生长发育、产蛋及其他生产指标的检查和记录，这是鸡群管理中最重要的和最基础的工作，对于及时了解鸡群的生长发育、生产水平、健康和免疫力水平等，可提供准确而科学的资料。

免疫抗体效价监测①　最常用的检测项目包括：

(1) 红细胞凝集抑制试验（HI）　用于新城疫、禽流感、减蛋综合征的抗体监测和疾病的辅助诊断。

(2) 琼脂扩散试验（AGP）　常用于鸡传染性法氏囊病的抗体监测和辅助诊断。

①应用相应的监测技术，定期跟踪监测和不定期抽测禽流感和新城疫等主要疫病的免疫抗体水平，了解鸡群健康状况及疫苗免疫效果，分析免疫抗体效价变化规律，以确定适时免疫接种时间和科学免疫接种程序，更有效地预防传染病的发生和流行。

（3）全血平板凝集试验　用于鸡白痢和鸡伤寒的血清学监测。

一些特异性强、敏感性高的血清学实验技术如酶联免疫吸附试验（ELISA），能够测定过去发生的或正在发生的隐性感染，同时也可确定鸡群对某种疫苗的免疫接种效果，以及雏鸡的母源抗体水平。

鸡群发育状况的检查　对鸡群的体重、耗料量、饮水量和产蛋量等基本生产指标，每周都进行详细的检测和记录，并及时与标准的体重、饲料消耗、产蛋率和饲料转化率等生产指标进行比较与分析。如观察到原因不明的指标下降或偏离，应进行认真调查，查清鸡群是否发生应激刺激或发生疾病。

流行病学监测　有计划、有组织地收集流行病学信息，为防疫提供依据。当周边发生疫情时，通过监测本场禽群的抗体消长及养禽场的发病情况，及时做出反应，迅速采取果断封锁、严格消毒等措施。

病原学监测　通过开展病原学监测，及时掌握动物疫情动态和病原分布情况。蛋鸡场常用的病原学检测项目主要有：

◆ 禽流感病原学监测方法：反转录－聚合酶链式反应（RT–PCR）。

◆ 新城疫病原学监测方法：反转录－聚合酶链式反应(RT–PCR)。

◆ 鸡白痢和鸡伤寒病原学监测方法：细菌分离鉴定。

环境卫生监测　采用常规的细菌学手段和方法，不仅可以帮助我们正确评价鸡舍的消毒效果、环境污染状况、舍内空气质量、孵化厅和孵化器的卫生消毒效果、雏鸡绒毛和肠道带菌状况、种蛋的消毒效果，以及饮水中细菌总数和大肠杆菌等卫生指标；而且还可准确地揭示某些病原菌的存在和污染程度。

饲料及药物监测 检查饲料中有无有害物质，如黄曲霉毒素、劣质鱼粉等，添加的食盐和药物是否超量；检查饲料营养成分是否合理，如钙磷比例、蛋白质、氨基酸和糖等物质是否适当，特别是维生素和微量元素的含量是否合适。

7. 发生疾病时的紧急措施

严格执行防疫制度、消毒隔离措施以及相应的免疫程序等，有时还会有疾病暴发。通过采取迅速而准确的控制措施，可以将疾病暴发所造成的损失降低到最低。

密切观察及时发现 疾病的发生都是具有一定前兆的，因此在日常饲养管理过程中，只要仔细分析饲料消耗量、饮水量、产蛋量，密切观察鸡的羽毛、呼吸、粪便等，都可以及早发现异常情况。

检查管理分析原因 多数疾病都是由于管理不当而造成的，通过仔细的调查可以发现。为此，在发生疾病后，应首先仔细检查鸡群的全部管理环节。检查饲养密度；围栏、鸡笼是否有尖锐的铁丝突出；料桶和饮水器的数量；疾病的症状如何；是否有明显的腹泻、咳嗽、打喷嚏和神经症状等；产蛋率如何；饲料消耗量多少；发病前后有什么差异和不同之处。

根据鸡只死亡的特点和舍内的情况，可能会发现问题，这一点比病理剖检和实验室检测更为重要。

及时送检正确诊断 发现疾病，尽快确诊疾病的病因。对于未确诊疾病采取的治疗措施多半没有什么效果，而且会花费较大代价。对病死鸡进行认真的剖检，采集任何可能有诊断价值的病料送交有关实验室，或邀请禽病专家进行会诊。同时，要注意收集鸡群的发病历史资料，并认真填写病历，这对疾病的迅速确诊很有帮助。在送检病料的同时，附上准确而完整的病历资料对疾病的实验室确诊是极为重要的。实际上，很多有经验的兽医专家，可根据病历卡片上填写的临床症状和暴发特点，做出假定性诊断。

迅速隔离 防止传播 对濒临死亡的鸡只，要迅速拣出，并做无害化处理，焚烧或深埋。对尚未发病的鸡群，应立即采取强制性的隔离措施并严格消毒，防止易感鸡受到传染。

立即消毒 避免扩散 对鸡场内禽舍、场地以及所有运载工具、饮水用具等进行严格彻底的消毒。

处理死鸡 严防传播 对所有病死禽、被扑杀禽及其禽类产品（包括禽肉、蛋、精液、羽、绒、内脏、骨、血等）按照《畜禽病害肉尸及其产品无害化处理规程》的规定执行；对于禽类排泄物和被污染或可能被污染的垫料、饲料等物品均需进行无害化处理。

禽类尸体需要运送时，应使用防漏容器，须有明显标志。

加强管理 妥善护理 在对疾病进行诊断的同时，要采取一些必要措施。纠正发现的管理错误，如鸡群密度过大、饮水器太脏和通风不良等。

紧急接种 科学免疫 对怀疑可能是传染性疾病的，应当用相应的疫苗进行紧急免疫接种，这样可以有效地预防疾病的发生，控制其进一步蔓延和扩散。

合理用药 及时治疗 在饲料或饮水中添加广谱抗生素，进行及时合理的治疗、预防和控制。最好在饮水中添加，因为多数病鸡不采食时仍然能饮水。

重大疫病立即报告 发现疑似高致病性禽流感和新城疫等重大动物疫病，畜主应立即限制动物移动，对疑似患病动物进行隔离，并应当及时向当地动物防疫监督机构报告。当地动物防疫监督机构要及时派员到现场进行调查核实、采集样品，开展实验室诊断。

8. 蛋鸡场兽医卫生防疫制度要点

各鸡场必须制定严格的兽医卫生防疫制度，并保证此能严格认真执行。其要点包括：

◆ 实行严格的封闭饲养管理，谢绝一切外来人员参观。

◆ 非生产人员不得进入生产区。

◆ 人员进入鸡舍要进行严格的消毒、更衣、换鞋帽，有条件的可增加淋浴。

◆ 鸡场内不得饲养猪、犬、猫及其他种类家禽和野鸟等动物。

◆ 定期进行场区环境卫生的清理、消毒和鸡舍内的带鸡消毒。

◆ 搞好舍内外卫生，舍内顶棚、墙壁、梁架、门窗等每周应打扫一次；鸡粪每 1 ~ 2 天清理一次；鸡舍周围环境，每周清理一次。

◆ 经常保持灯泡清洁，每周擦一次，并及时更换坏灯泡。

◆ 禁止饲喂不清洁、发霉饲料。

◆ 保持水槽、食槽清洁，让鸡喝到清洁饮水；特别是夏季，每天要刷洗水槽。

◆ 保持舍内良好的通风环境。

◆ 定期进行鸡舍、工具、人员、衣物等的消毒。

◆ 注意舍内温度、湿度及有害气体情况，及时合理通风、保温、降暑。

◆ 注意鸡群活动、采食、饮水及粪便状况；发现异常要及时采取措施。

◆ 病死鸡要深埋，严禁乱扔，以防传播疾病。

◆ 如发生疫情，要立即进行紧急隔离和消毒，并及时上报。

十、蛋鸡场废弃物的处理与利用

目标

- 了解蛋鸡场的主要污染源
- 了解废弃物处理利用的主要原则
- 了解清洁生产控制污染的基本措施
- 掌握鸡粪的处理和利用方法
- 掌握废水和病死鸡的安全处理方法
- 了解蛋鸡场恶臭的控制方法

1. 蛋鸡场的主要污染源①

鸡场的环境污染主要来源于粪便、污水、有害气体、病死动物尸体等，其中以未处理的鸡粪及污水数量最大，危害最重。

固废物 主要有粪便、废饲料、散落的羽毛、蛋壳、消毒器具以及病死鸡等。

◆ 每只成年产蛋鸡平均每天产粪103克。

◆ 每天清扫鸡舍等产生的废弃物，其中主要为废饲料、散落的羽毛等。

◆ 消毒器具、病鸡、死鸡等，产生量相对较少。

废气 蛋鸡场的废气主要为恶臭气体。鸡粪中含有大量的碳水化合物和含氧化合物，在厌氧条件下可产生大量的氨、硫化氢、甲烷、有机酸、乙烯醇、硫酸二甲硫醚等有臭味的有害气体。

①污染源即环境污染物的发生源，污染物的来源。任何物质（能量）以不适当的浓度、数量、速率、形态和途径进入环境系统，并对环境系统产生污染或破坏的物质（能量），称为环境污染物，或称污染物，也称污染物因子。按属性可分为天然污染源和人为污染源。天然污染源分为生物污染源（鼠、蚊、蝇等）和非生物污染源（火山、地震、泥石流等）。人为污染源分为生产性污染源（工业、农业、交通、科研）和生活污染源（住宅、学校、医院、商业）。

如果粪便清理和处理不当，其浓度会成倍增加。

◆ 恶臭及有害气体会使空气中甲烷、硫化氢、氨气、二氧化碳等有害成分增加，导致空气中氧含量相对下降，污浊度升高，轻则降低空气质量，产生异味，妨碍人畜健康，重则引起疾病。

◆ 氨浓度偏高，会造成鸡呼吸道黏膜上皮损害或麻痹，易使病原微生物侵入，引发呼吸道疾病和其他传染病；同时使鸡养分摄取不足，血红蛋白与红细胞减少，出现贫血。

◆ 硫化氢是一种无色、易挥发、易溶于水的强刺激性气体，浓度超标易引起结膜炎、流泪、鼻炎、气管炎等。

废　水　主要为地面和鸡舍冲洗水，以及车辆、人员、服装、器具等的洗涤消毒废水。

◆ 冲洗鸡舍产生的污水：清扫和冲洗是降低污染程度、改善卫生环境最基本、也最有效的方法，因此必须对地面、鸡舍进行定期的清扫和冲洗作业。根据蛋鸡场污染程度，每周或每月彻底清扫、清洗一次，转群或出栏后的鸡舍要全面清扫、冲洗，冲洗一般使用清水，尘垢多时可使用毛刷或金属刷子边刷边洗，污染严重时使用消毒液冲洗。对污染特别严重或沾有油污的物品还需要多次反复冲洗。

◆ 淋浴消毒产生的污水：服装和器具的消毒及员工淋浴等用水量较大；饲料、产品运输车、外来人员等进入饲养区时需进行消毒冲洗。

◆ 蛋鸡场废水主要污染因子为污水中悬浮物浓度(SS)①。

◆ 排放的生活污水。

噪　声　主要来源于蛋鸡场内排风机、水泵等机械设备的运行噪声，鸡舍内噪

①污水中悬浮物浓度，其英文全名缩写应该为 MLSS。其他污染因子还有化学需氧量 COD，五日生化需氧量 BOD5，酸碱性 pH，色度，加上 MLSS 就是常见污水中的五大污染指标。

声较小。

2. 蛋鸡场废弃物处理利用的主要原则

禽养殖业产生的废弃物多为有机质且治理难度大，因此必须实施清洁生产，遵循“以地定禽、种养结合”的基本原则，在生产过程中有效控制污染。其主要原则包括：

减量化原则 采取改善饲料配方，使用添加剂、清粪工艺和设备、严格管理等综合措施减少污染物的产生，实行源头治理。

无害化原则 根据当地自然、经济和社会条件，设计污物处理工艺和设施；宜以生物处理为主；处理结果应达到后续利用或向环境排放的要求或标准；尽量减少设备投资、降低能耗和运行费用。

资源化原则 应尽量实施资源多级转化和利用，力争做到清洁生产和零排放，创建生态养鸡场，实现畜牧业持续发展。

3. 清洁生产①控制环境污染的基本措施

源头控制措施 许多蛋鸡场由于饲料配方不当，产生了一系列污染问题。

◆ 排泄物中氮、磷等物质含量较高，污染程度大。

◆ 排泄物中氨、硫化物浓度含量高，臭味浓。

◆ 抗生素和激素含量高，禽产品污染严重。

解决这些问题的主要措施有：

(1) 饲料控制　优化饲料配方，减少饲料中氮、磷含量，或者在饲料中加入植酸酶等酶制剂，提高磷

①清洁生产，即生产的全过程污染控制模式，采取主动行动，以节能、降耗、减污为目标，以技术和管理为手段，强调在污染产生之前就予以削减，将预防污染的环保策略应用于生产全过程。

等矿物质和蛋白质的消化率，从而改善禽粪污中营养物质含量比例，使其在综合利用中更符合作物生长的需要。

合理调制日粮有利于提高饲料利用率：粒径大小适中的颗粒料，因增加了饲料与消化道的接触面积和适口性，可提高鸡的消化率。饲料经膨化处理和颗粒化处理能使随粪便排出的干物质减少 1/3。

日粮蛋白质的氨基酸平衡是影响蛋白质利用率的主要因素，饲喂的日粮中的氨基酸组成应与动物所需的氨基酸相适应，即达到“理想蛋白质”状态，这样蛋白质的利用率最高，氮排出量最少。在准确估测家禽氨基酸需要量和各种饲料氨基酸消化率的基础上，添加人工合成氨基酸，保持氨基酸平衡，既可保证家禽正常生产性能，又可以减少氮的排出。

微量元素是动物生长必不可少的一类营养素，某些微量元素高剂量时具有一些特殊生理作用，但饲料中过量添加，会导致粪便内的金属离子含量过多，污染环境。使用氨基酸微量元素螯合物添加剂易吸收，效价高，添加量少，金属离子排出量少，是一种理想的微量元素添加形式。

减少饲料中含硫矿物质如硫酸铜和硫酸铁的使用，可降低含硫臭气。

(2) 使用物理吸附与抑制方法，开发利用防臭剂

利用沸石、丝兰提取物、木炭、活性炭、绿矾、煤渣、生石灰等具有吸附作用的物质，吸附空气中的有害气体。可在饲料中加入各种防臭剂，如丝兰属植物提取物、天然沸石等。防臭剂在禽肠道中进行除臭，这样的方式一般可使禽排泄物中氨的浓度降低 34%，硫化物浓度降低 50%；在垫料中混入硫黄，使垫料的 pH 小于 7.0，可抑制粪便中的氨气产生和散发，降低鸡舍空气中

氨气含量。

(3) 益生素 很多有益微生物可在肠道内建立优势菌群，抑制有害菌群的定植，改善肠道微生物区系平衡，使增殖的有益菌产生各种消化酶，如蛋白酶、脂肪酶、淀粉酶、纤维素酶等，从而提高饲料蛋白质利用率和机体抗病能力，达到防治消化道疾病和促进生长双重作用，减少粪便中的氮排出量，降低空气中有害气体含量。

(4) 酶制剂 饲料中尤其是植物性饲料中含有许多抗营养因子，如植酸、单宁、胰蛋白酶抑制因子等。在饲料中添加酶制剂，通过补充动物体消化酶分泌的不足或增加动物体内不存在的酶，能有效降低饲料中的抗营养因子，促进营养物质的消化吸收，提高饲料的利用率，并可使粪便和氮排出量减少20%。

先进的饲养方式和科学的管理模式 蛋鸡饲养过程也就是污染物产生的过程，污染物产生量很大程度上取决于禽场的饲养和管理方式。改进禽场饲养和管理方式是减少污染物产生量、降低后续污染处理难度、提高综合利用价值的关键。

◆ 在冲洗鸡舍时，尽量节水，减轻污水的处理量。

◆ 在禽舍设计上，尽量采用笼养方式，做好雨污分流设施。

排泄物的资源化综合利用 鸡粪中含有大量的有机物和营养物质，利用价值很高，可充分综合利用。对鸡粪进行简单排放其实是对资源的浪费。

(1) 肥料化 对没有充足土地消纳利用粪肥的大中型养鸡场，应建立集中处理粪便的有机肥厂或相应处理（置）机制，实现粪便无害化处理和利用。

常采用的方法有厌氧发酵法、快速烘干法、微波法、充氧动态发酵法，通过将鸡粪与辅料混合、发酵、干燥、造粒等工艺处理，制成无味、高效的有机肥料，具有很大的市场潜力，可真正实现粪便资源化和商品化。

(2) 沼气化[①]（能源化） 采用以厌氧发酵为核心的能源环保工程，采用微生物厌氧发酵制取沼气、沼液和沼渣，是鸡粪能源化利用的主要途径，是一种有效处理粪便和资源回收利用的技术。

(3) 饲料化[②] 禽类消化道较短，粪便中的养分含量高，含有很多未被消化吸收的营养物质，如粗蛋白质、脂肪、无氮浸出物、钙、维生素等，经过无害化处理后可用作饲料。

(4) 生态化 建立生态养殖系统。

①鸡粪中含有大量的有机肥，在高温（35~55℃）厌氧条件下利用厌氧细菌的分解作用，可将有机物（碳水化合物、蛋白质和脂肪）经过厌氧消化作用转化为沼气和二氧化碳。

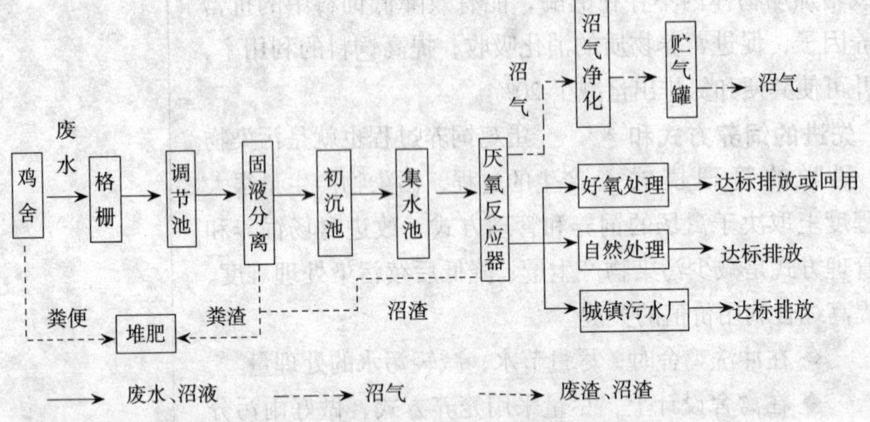

图 10-1 粪污处理工程基本工艺流程

②干鸡粪中含有20%~35%的粗蛋白质，8%~13%的氨基酸和部分矿物质（其中钙、磷含量为正常饲料的4~20倍），所以可被利用作为补充饲料。

4. 鸡粪的处理和利用方法

堆肥场地的要求 蛋鸡场的堆肥场地应满足以下要求：

◆ 堆肥场地一般应由粪便贮存池、堆肥场地以及成品堆肥存放场地等组成。堆肥场地的大小应根据粪便的多少来确定，露天堆放场或带盖堆放场应根据堆放高度确定堆放场的实际面积。

◆ 采用间歇式堆肥处理时，粪便贮存池的有效体积应按至少能容纳 6 个月粪便产生量计算。

◆ 场内应建立用以收集堆肥渗滤液和雨水的排水系统和贮存池。

◆ 堆肥场地必须考虑防渗漏措施，严禁对地下水造成污染。

◆ 宜配置防日晒雨淋设施。

鸡粪处理方法和工艺的一般要求 大中型的规模鸡场的鸡粪无害化处理应按照 NY/T 1168 的有关规定执行，一般宜采用高温好氧堆肥工艺。

不具备无害化处理条件的小规模养鸡场或农户，可根据蛋鸡场地理位置、养殖种类、养殖规模及经济情况，选用自行堆肥发酵、干燥法、焚烧法等方法对鸡粪进行资源回收利用。

高温好氧堆肥可选用自然堆制发酵法或机械强化发酵法。

鸡粪的直接晾晒[①]处理方法 主要工艺过程是把鸡粪用人工方法直接摊开晾晒，晒干后，压碎直接包装作为肥料产品出售。

(1) 自然干燥法 小型鸡场多用此法。将鸡粪单独或混入适量米糠或麦麸，摊晒在水泥地面上，利用阳光晒干。晒干后装入塑料袋，存放于干燥处待用。

(2) 塑料大棚自然干燥法 塑料大棚长 45 米、宽 4.5 米，将鸡粪运入大棚内，平铺于水泥地面上；棚内设有两条铁轨，上面装有可移动的带有风扇的干燥搅拌机，可来回工作，当鸡粪干燥好时就会停止工作。此法不怕风吹雨淋，又节能。

鸡粪烘干处理方法 其工艺流程是把鸡粪直接通过高温、热化、灭菌、烘干，最后生产出含水量 13%左右的干鸡粪，作为产品直接销售。

①优点是：产品生产成本低，操作简单。缺点是：占地面积大，污染环境；晾晒受自然条件影响大，不能工厂化连续生产；产品体积大、养分低，存在二次发酵，产品的质量难以保证。

鸡粪烘干处理的优点是：生产量大、速度快，并且产品的质量稳定，水分含量低。缺点是：设备投资大，利用率不高；生产过程产生的废气污染大气环境；生产过程中能耗高；有时出来的产品只是表面干燥，浸水后仍有臭味和二次发酵。

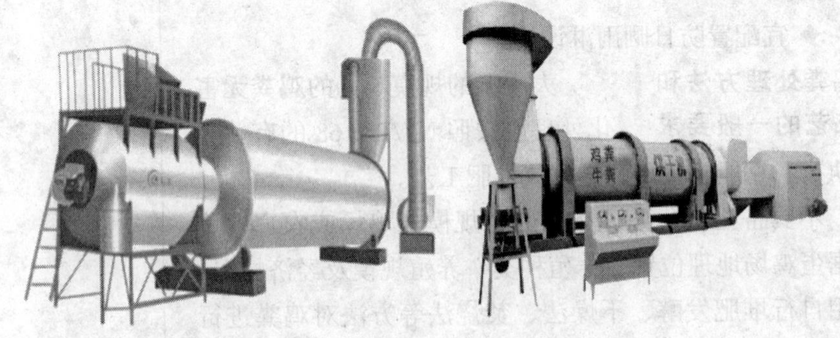

图 10–2　鸡粪烘干机

鸡粪的一般生物发酵处理

(1) *发酵池发酵*[①]　主要工艺流程是把鸡粪、废垫料、草炭、锯末等混合放入水泥池中，充氧发酵，发酵完成后粉碎，过筛包装成为产品。

①发酵池发酵的优点是：生产工艺过程简单方便，投入少，生产成本低。缺点是：产品有效成分含量低，水分含量高，达不到商品化的要求；工厂化连续生产程度低，生产周期长。

①地坑式发酵法：在距养鸡场 500 ~ 1 000 米以外的田间、地头或空地根据需要挖长、宽适当，深 1.5 ~ 2 米的坑，将鸡粪倒入其中并按 1% ~ 2%混入石灰粉，接着用稀黄泥糊封住整个坑面（黄泥糊厚 1 厘米以上），如能用厚塑料薄膜覆盖整个坑面并用土埋封四周更好。经过 15 ~ 20 天自发高温发酵处理，可达到灭菌、去臭等效果。

②池式发酵法：发酵池要建造在距鸡场 500 ~ 1 000 米以外的地方。发酵池应按照需求，在地面挖长方形或正方形，底部和四壁砌砖并抹上水泥（也可造地上池，但造价更高），可有效防止鸡粪及发酵液体对地下水和土

壤的污染。处理时，将鸡粪倒满池并混入1%石灰粉，然后用厚塑料薄膜或稀黄泥封严池面，15～20天后就可发酵处理好鸡粪。

(2) 直接堆腐[①] 其主要工艺流程是把鸡粪、废垫料和秸秆或草炭等混合，堆高1米左右，利用高温堆肥，定期翻动通气发酵，发酵完后就成为产品。

图10-3 鸡粪的直接堆腐（来源于http：//www.ahny.gov.cn/）

(3) 塔式发酵 其主要工艺流程是把鸡粪、废垫料或锯末等辅料混合，再接入生物菌剂，同时塔体自动翻动通气，利用微生物生长加速鸡粪发酵、脱臭，经过一个发酵循环过程后，从塔体出来的就基本是产品。

塔式发酵具有占地面积小、能耗低、污染小、工厂化程度高的优点，但也同时存在着问题：一是仅靠发酵产生的生物热来排湿，产品的水分含量达不到商品化的要求；二是目前工艺流程运行不畅，造成人工成本大增，产量达不到设计要求；三是设备的腐蚀问题较严重，制约了其进一步发展。

鸡粪的高温好氧堆肥方法 鸡粪高温好氧发酵过程由一级发酵和二级发酵两个阶段组成，按工艺类型通常可分为一次性发酵和二次性发酵。其主要工艺流程如下：

①直接堆腐的优点是：生产工艺简单，投入少，成本低。主要缺点是：产品堆放时间过长，受各种外界条件影响大，产品的质量难以保证；产品工厂化连续生产程度不高，生产周期长。

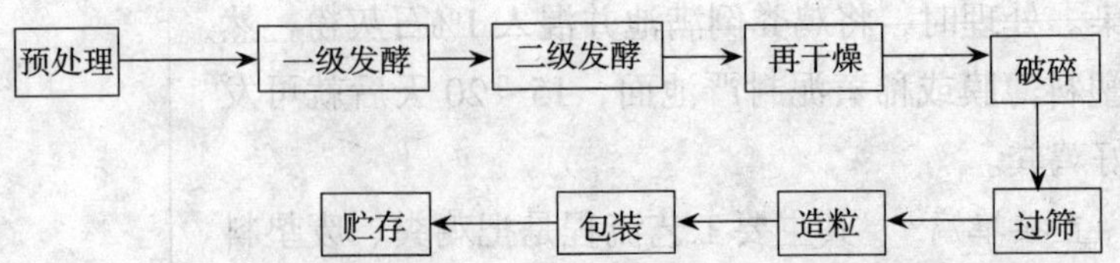

图 10-4　鸡粪的高温好氧堆肥工艺流程图

预处理和后处理过程中的分选物，应尽量回收利用。其中的玻璃、金属、石头等非堆肥物、杂物必须去除并进行妥善处理。

鸡粪应经预处理，调整水分和碳氮比，并符合下列要求：

◆ 堆肥粪便的起始含水率应为 40%～60%。

◆ 碳氮比应为 20～30：1。可通过添加植物秸秆、稻壳、锯末等物料进行调节，必要时需添加菌剂和酶制剂，以促进发酵过程的正常进行。

◆ 堆肥粪便的 pH 应控制在 6.5～8.5 之间。

好氧发酵过程应满足以下要求：堆肥时间应根据碳氮比、湿度、天气条件、堆肥运行管理类型及废物和添加剂种类确定；采用一次性发酵工艺的发酵周期不宜少于 30 天，采用二次性发酵工艺的一级发酵和二级发酵时间均不宜少于 10 天。

(1) 一级发酵阶段　应符合下列要求：

◆ 可适时采用翻堆方式通风，调节堆肥物料的氧气浓度和温度。

◆ 静态发酵自然通风时，物料堆置高度以 1.2～1.5 米为宜；当设有机械通风装置时，物料堆置高度可为 2.6～3.0 米。间歇动态发酵的物料堆置高度可为 5 米。

◆ 静态发酵机械通风时，通常采用非连续通风方式；间歇动态发酵可参考静态工艺并按照生产实际条件确定通风量，以保证发酵在最适宜条件下进行。

◆ 氧气浓度不宜低于 10%。

◆ 发酵过程中，堆层各测试点温度均应保持在 55～65℃，不宜大于 75℃，且持续时间不得少于 5 天。

◆ 一般情况下，发酵过程含水率应控制在 40%～60%。

(2) 二级发酵阶段　根据一级发酵半成品情况，调整并控制二级发酵阶段各主要技术参数，物料含水率宜控制在 35%～45%。发酵结束时，应符合下列要求：

◆ 碳氮比不大于 20∶1。

◆ 含水率为 20%～35%。

◆ 堆肥应符合无害化卫生要求的规定。

◆ 耗氧速率趋于稳定。

◆ 腐熟度应大于等于Ⅳ级。

(3) 堆肥制品　应符合下列要求：

◆堆肥产品存放时，含水率应不高于 30%，袋装堆肥含水率应不高于 20%。

◆堆肥产品的含盐量应在 1%～2%。

◆成品堆肥外观应为茶褐色或黑褐色、无恶臭、质地松散，具有泥土气味。

5. 蛋鸡场废水的处理方法

养鸡场的污水主要来自鸡舍的冲洗用水，其排放量是非常大的。据测定，每只成年产蛋鸡平均每天产粪 103 克，需冲洗水 300 克。因此，对污水的处理也是相当重要的。

蛋鸡场废水处理前必须进行强化预处理，包括格栅、沉砂池、调节池、固液分离系统、初沉池等。粪水混合前应先清除鸡粪中的羽毛。

蛋鸡场废水应经格栅拦截去除水中较大的杂物后进

入调节池，粪水搅拌均匀后进入计量池，由泵定时定量地将混合液送进厌氧反应器。

厌氧反应器内的温度一般控制在35℃左右（通常在计量池内设有加热系统）。计量池和厌氧反应器内设有温度传感器，用于对温度的调节。产生的沼气经脱硫、脱水净化后进入贮气柜，作为生产或生活用能源。沼渣根据实际情况定期排出，经进一步固液分离并干化后，作为有机肥使用。沼液作为液态有机肥或鱼饲料使用。

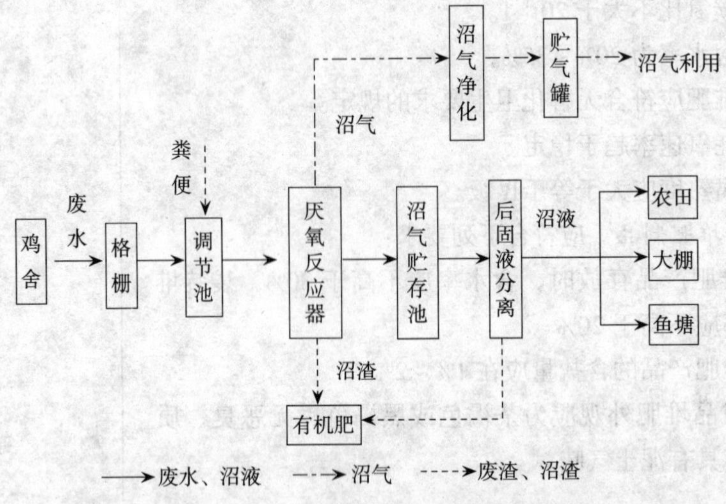

图10-5　废水综合利用处理工艺基本流程图

沉砂池　采用达标排放工艺的，应在调节池前设置沉砂池，可考虑沉砂池与格栅合建。

采用废水、沼液粪渣、沼渣沼气综合利用工艺的，应在调节池后设置沉砂池。

调节池　调节池的容量应不小于最大日处理量的50%。

调节池应设置去除浮渣装置。

调节池应设水下搅拌混合装置，防止发生沉淀。

厌氧生物处理 厌氧生物处理单元通常由厌氧反应器、沼气收集与处置系统（净化系统、贮气罐、输配气管等）、沼渣处置系统组成。

厌氧反应器宜设置加热保温措施，如外保温、蒸汽直接加热、外热交换或池内热交换。

采用常温发酵的厌氧反应器，池内液体温度不宜低于15℃。当温度较低时，宜采用蒸汽直接加热，蒸汽通入点宜在集水池（或计量池）内，也可采用厌氧反应器外热交换或池内热交换。

沼气、沼液和沼渣的利用 产生的沼气应进行综合利用，经净化处理后通过输配气系统可用于生产生活用气、锅炉燃烧等。

沼渣经进一步固液分离后，及时运至粪便堆肥场或其他无害化场所。

分离出的沼渣干化后可作为固体有机肥。

分离出的沼液可作为农田、大棚蔬菜田的有机肥或鱼塘饲料等。

自然处理 蛋鸡场可采用的自然处理方法包括人工湿地、土地处理、稳定塘等。

6. 病死鸡的安全处理方法①

病鸡死鸡属于危险固废物，必须妥善及时处理，防止造成二次污染。严禁随意丢弃，严禁出售或作为饲料再利用。

一般病死鸡尸体的处理与处置应符合《畜禽养殖业污染防治技术规范》（HJ/T 81—2001）的规定。

因高致病性禽流感疫情导致禽类死亡，死禽尸体的处理与处置应按照《高致病性禽流感疫情处置技术规范》（试行）的规定进行无害化处理。

①指通过焚毁、化制或其他物理、化学、生物学等方法，将病害动物尸体和病害动物产品进行处理，以彻底消灭其所携带的病原体，达到消除病害因素，保障人畜健康安全的目的。

焚 毁

病死鸡尸体处理应采用焚烧炉焚烧的方法，或用其他方式烧毁碳化。

在蛋鸡场应设置焚烧炉。

焚烧产生的烟气应采用有效的净化措施，防止烟尘、一氧化碳、恶臭等对周围大气环境的污染。

焚烧后，应使用有效消毒药喷洒地表，进行环境消毒。

图 10-6 无害化动物焚烧炉

掩 埋

◆ 蛋鸡场应设置两个以上安全填埋井。

◆ 填埋井应为混凝土结构，深度大于 2 米，直径 1 米，井口加盖密封。

◆ 进行填埋时，在每次投入病死鸡尸体后，应覆盖一层厚度大于 10 厘米的熟石灰。

◆ 每次填埋后，应使用有效消毒药对周围环境和用具进行喷洒消毒。

◆ 填满后，必须用黏土填埋后压实并封口。

7. 蛋鸡场恶臭的控制方法

加强饲养管理 蛋鸡场可通过控制饲养密度、加强舍内通风、限制饮水、及时清粪等措施抑制或减少臭气的产生。

粪污处理 粪污处理各工艺单元宜设计为密闭方式，减少恶臭对周围环境的污染。

密闭化的粪污处理厂（站）宜建恶臭集中处理设施，将各工艺过程中产生的臭气集中收集处理后排放。

在集中式粪污处理厂的卸粪接口及固液分离设备等位置可喷淋生化除臭剂。

物理除臭 可采用向粪便或舍内投（铺）放吸附剂的方法减少臭气的散发，宜采用的吸附剂有沸石、锯末、膨润土以及秸秆、泥炭等含纤维素和木质素较多的材料。

化学除臭 可向养殖场区、堆肥处理场以及废水处理站投加或喷洒化学除臭剂、中和剂，消除或减少臭气的产生。

宜采用的化学氧化剂有高锰酸钾、重铬酸钾、双氧水、次氯酸钠、臭氧等；宜采用的中和剂有石灰。

生物除臭 养殖场宜采用的生物除臭措施有生物过滤法和生物洗涤法。

参 考 文 献

丁角立.1994.饲料添加剂指南.北京：北京农业大学出版社.

郭艳丽.2003.饲料添加剂预混料配方设计与加工工艺.北京：化学工业出版社.

郝庆成.2006.蛋鸡生产技术指南.北京：中国农业大学出版社.

李德发.1997.现代饲料生产.北京：中国农业大学出版社.

刘月琴，张英杰.2008.家禽饲料手册.2 版.北京：中国农业大学出版社.

刘月琴，张英杰.2009.新编蛋鸡饲料配方 600 例.北京：化学工业出版社.

唐辉.2008.蛋鸡饲养手册.2 版.北京：中国农业大学出版社.

王安，单安山.2001.饲料添加剂.哈尔滨：黑龙江科学技术出版社.

王三立.2007.禽生产.重庆：重庆大学出版社.

杨凤.1997.动物营养学.北京：农业出版社.

杨宁，单崇浩，朱元照.1994.现代养鸡生产.北京：北京农业大学出版社.

杨山.1998.家禽生产学.北京：中国农业大学出版社.

赵昌廷.1996.实用畜禽饲料配方手册.北京：北京农业大学出版社.